不用收拾就整齐 2

一劳永逸的收纳和装修设计

(日)水越美枝子 著
谷文诗 译

化学工业出版社
·北京·

北京市版权局著作权合同登记号：01-2020-2939

图书在版编目（CIP）数据

不用收拾就整齐. 2，一劳永逸的收纳和装修设计 /（日）水越美枝子著；谷文诗译. —北京：化学工业出版社，2020.10
ISBN 978-7-122-37629-9

Ⅰ. ①不…　Ⅱ. ①水…　②谷…　Ⅲ. ①住宅-室内装修-基本知识　Ⅳ. ①TU241

中国版本图书馆 CIP 数据核字（2020）第 161215 号

责任编辑：孙梅戈　　　　装帧设计：卡古鸟设计
责任校对：王佳伟

出版发行：化学工业出版社（北京市东城区青年湖南街 13 号　邮政编码 100011）
印　　装：广东省博罗县园洲勤达印务有限公司
710mm×1000mm　1/16　印张 9　字数 260 千字　2021 年 1 月北京第 1 版第 1 次印刷

购书咨询：010-64518888　售后服务：010-64518899
网　　址：http://www.cip.com.cn
凡购买本书，如有缺损质量问题，本社销售中心负责调换。

定　　价：69.00 元

Preface

前言

打造人人皆宜居的美丽住宅

委托我进行住宅设计的客户中，有不少双职工夫妻和老年人。一些双职工夫妻希望家中的动线设计得更有效率，一些老年人则是对丰富多彩的居家生活充满热切的期待，有这样需求的案例最近越来越多。人类的生活方式很大程度上受到了社会变化的影响，今后也依然会一点点地改变下去。而社会对于人类的需求也非常敏感，未来会不断有与住宅相关的各类产品诞生、进化、消亡。

我的工作是住宅设计。在工作中，我强烈地感受到：虽然每一位客户理想中的住宅略有不同，但几乎所有人都在追求“宜居住宅”，且关于什么是“宜居住宅”的问题是有正确答案的，这个正确答案具有普遍性，不会随时代变化而变化。对于一栋“宜居住宅”而言，“时刻保持整洁美丽”并不是一件难事。

四年前，我写了《不用收拾就整齐》系列的第一部《不用收拾就整齐：越住越舒适的家居设计秘诀》，反响之热烈令我本人也为之惊讶。读者中除了从事家居设计工作的专业人士之外，还有许多日常生活中对家居这件事非常关心的普通人。

我也收到了许多读者朋友的读后感，大家谈得较多的就是以下三点。

“我按照书中的方法改造了动线与收纳，当家中的动线与收纳变得顺畅之后，我才终于明白了为什么家居装修是有生命的。”

“读了您的书之后我明白了，想要使房间保持干净整齐，重点在于构建一个体系，而不是反复地整理、收拾。”

“我参考书中的方法整理了厨房，改变了家具的位置之后，发现居家生活变得非常方便。”

一些读者把《不用收拾就整齐：越住越舒适的家居设计秘诀》当作家居设计的教科书，但也有很多读者购买是为了欣赏书中的插图，这都要感谢永野佳世老师为这本书拍摄了许多精美的照片。有的客户来到事务所委托我进行家居设计时，会把这本书也带来，我看到书中贴了许多便签条，心里真的非常高兴。

我将《不用收拾就整齐：越住越舒适的家居设计秘诀》中没有写完的内容，以及在后来的住宅设计工作中产生的新想法等总结在一起，写成了这一本书。本书的一大主题就是布局、动线与尺寸。想要家务工作顺畅、高效，想要收拾房间变得轻松、简单，想要打造令人心情愉悦的舒适家居环境，就必须要考虑住宅布局、动线与尺寸的设计问题。本书的住宅设计理念承袭第一部，依然是“宜居住宅才是美丽住宅”。

希望本书的读者能够将书中住宅设计的理论实际应用到自己的家中，打造“宜居的美丽住宅”。这样的居住环境能够真真切切地充实您的人生。

对我而言，最开心的事情莫过于本书能为大家的生活带来一点帮助。

水越美枝子

Contents

目录

Chapter 1 宜居住宅创造美好生活

Chapter 2 合理的布局与动线 造就时刻美丽的家

Chapter 3 合适的“生活尺寸”令居住方便又舒心

Chapter 4

小小巧思令生活更加丰富多彩

摄影 / 永野佳世

（P70 上、P95 下、P101 中左、P113 右下照片由 Atelier Sala 事务所提供）

设计 · DTP/ 池田和子（VERSO）

插画 / 滨本大树

设计图 / 桥上久美子（Atelier Sala）

采访 · 文字 · 结构 / 臼井美伸（企鹅企划室）

编辑 / 别府美绢（X-Knowledge）

Chapter

1

宜居住宅
创造美好生活

刚刚搬家时，房间明明干净又美丽，可住着住着整个空间就变得杂乱起来，令人羞于再邀请朋友到家中做客，着实可惜。

有什么秘诀让一栋住宅能够一直保持干净、美丽的状态呢？

让住宅

永葆美丽的秘诀

住宅设计的目标是兼顾“美丽”与“舒适”

上山府

有些家庭因为收纳空间不足，东西总是拿出来就收不回去，搞得人心烦意乱。而有些家庭明明有足够的收纳空间，但却依然杂乱，这是因为动线不合理。收纳空间与动线设计合理的住宅，住起来不但舒适、方便，还能一直维持“美丽”的状态。它不需要居住者不断去收拾、整理，不会强迫居住者去做无用功。住宅设计的目标不只是住宅外观的美，还要实现生活的美。

住宅设计的正确答案：人人皆宜居

小林府/茅崎市

或许会有人觉得，每个人对于“宜居住宅”的理解都是不同的。但是我却认为，符合所有人心中宜居标准的住宅是存在的。例如，家中的洗衣机、晾衣处、衣柜三者距离较近时，动线会缩短，居住者干起家务来也会更轻松。厨房通道的宽度、收纳柜的高度如果是依照居住者的高矮胖瘦情况特别设计的，做饭的时候就会非常方便。客厅如果能够时时看到自然风光，任何人置身其中都会感到舒适。

小林府/茅崎市

释放压力，解放人生

收纳空间不足，动线不合理，照明和插座的位置设计得有问题，使用起来特别不方便……即使家中存在以上种种不便，或许仍有人认为“这些都是小事，忍忍算了”。但是因此而浪费的时间、产生的压力长期积累下来就会变成一个巨大的负担。如果能够在正式入住新家之前把自己从这些压力中解放出来，居住者将会获得完全不同的人生。能够认真面对住宅中存在的种种问题十分重要。

Thats Why 1

体系正确
才能不被家务追着跑

有些人家中的动线、收纳空间等设计不合理，做家务时增加了许多不必要的走动，时间就这样一点点被浪费了。动线如果设计得比较复杂，人在做手头的家务时会需要返回上一个地点或是到其他地点拿取某种必要的东西。而移动的过程中，又会被其他的事情吸引注意力，干起了这边的工作，忘记刚刚的事情还没有做完。这样就会导致人没办法将精力集中在一件事情上，浪费很多时间。

如果家中的动线没有经过认真的规划，很容易发生上述现象。

无论是职业女性还是在家中照顾孩子、老人的全职太太，做家务时虽不是有意要草草完成，但都希望能够尽可能迅速地结束战斗。所有人对于住宅设计的要求都是希望建立起一个“人不会被家务追着跑的家居体系”。

而想要建成这样的体系，就必须设计出一套与家务流程相匹配的“动线+收纳空间”。当居住者在家中想要做些什么时，能够马上拿到必需的物品，一连串的工作能够一气呵成地完成；或者所有的家务都在下意识的状态下完成，而当人回过神来时，才发现工作已经做完了……如果上面说的能够变成现实，每天做起家务来该是多么轻松啊！

下面我们以衣物每天的动线为例进一步说明。居住者脱下来的衣服会按照怎样的路线移动呢？首先是洗衣机，之后是晾衣处、叠衣处和衣柜，最后是更衣处。衣服的移动路线，就是居住者每天所走的“洗衣服+穿衣打扮”的动线。如果家中这条动线很短，也就能够减轻一些做家务的人的压力。

做饭的动线也是同样。取菜、洗菜、切菜、炒菜、装盘。理想的厨房能够尽可能地减少人在这一系列流程中走路的步数。

即便每天只浪费了一点点时间，累计起来也是一个巨大的数字。重新审视自己家的家居设计，能够令生活更加轻松。

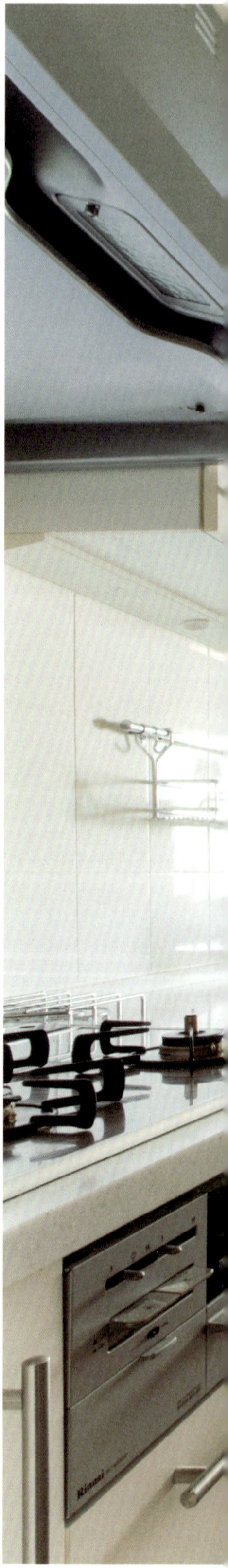

Kellogg's
CORN
FLAKES
INODA COF
中野府

That's Why 2

确保多余物品在视线之外

人在休闲放松或是做饭时，不经意地一瞥，如果看到的只有自己喜欢的装饰品或是窗外的绿植，该是多么舒畅、愉快啊！反之，若是由于住宅布局不合理，家具遮挡了窗子，或是看到院中绿植旁挂着晾晒的衣服，好好的风景就这样被糟蹋了。

如果是新建的住宅，在动工前做好设计规划，就可以避免这种事态的发生。即便是旧宅翻新，也可以在一定程度上使杂物不那么显眼。但是我意外地发现，许多人其实对这一细节并不在意。

客厅、餐厅是家中的休闲场所，人一天中有很长时间会停留在这里，而卫生间、厨房等则是家务活动集中的地方。对于这种自己会长时间停留的空间，人们都希望视线所及之处能够干净、整齐。

要实现这一点，重要的并不是装饰一些漂亮的画或装饰品，而是要确保不想让人看到的东西不会进入视线。

我常常说："展示与隐藏是一体的。"如果想要使别人看到一些东西，就需要为此隐藏起另外的一些东西。只要能使家中不想让人看到的东西不出现在视线之中，居住者每天的生活就会发生巨大的变化。

如果是能够移动的物品，在不使用的时候可以放到家中的"盲区"（不容易看到的、不显眼的地方）。人只要看不到凌乱的、脏兮兮的东西，就不会因此产生压力。

想要维持住宅的美丽状态，还有一个不能遗忘的要点——焦点。焦点是指人进入某个空间时，最先将视线集中在那里的地方。如果人在焦点处看到多余的物品，对这个家的印象就会陡然变差。

例如，你打开家中客厅的大门，最先进入视线的是什么呢？如果第一眼看到的是空调或电视，那么你可能就需要改变一下家中的布局。

宫内府

That's Why 3

人人皆宜居的房间布局

“人人皆宜居的房间布局”是存在的，它适用于任何一种家庭成员构成的、以任何生活方式生活的家庭。

以出门时着装打扮的动线为例，如果这条动线通顺、流畅，受益的不只是双职工家庭，对于任何家庭而言都会非常方便。卧室与衣柜、卫生间相距较近时，人就能够以最短的距离完成着装打扮。

无论妻子是否需要外出工作，家中设置一块她专用的书房区或工作区都会非常便利。如果这个书房区或工作区能够安排在餐厅、厨房的附近，她就可以在做家务的间隙做一些自己的事情，如此一来整个家居环境对她而言就变得更舒适了。

若是能在玄关附近设计一处挂外套的空间，每次外出时就不需要每个人都返回自己的房间取衣服了，还能防止大家把脱下来的外套随处乱放。

人到老年之后，在家中的时间会变得越来越长，因此，如果夫妻二人能够在同一栋住宅中错开彼此的活动轨迹，生活会更加舒适。在家中设置书房以及其他供居住者享受自身兴趣的空间很有必要，夫妻二人可以在自己专属的空间内独处。

在不同的人生阶段，我们对于“方便的动线”的要求也会有所不同。但如果一栋住宅是人人皆宜居的房间布局，那么只需要重新规划收纳的位置，就可以基本适应各个人生阶段的需求。

例如有小朋友的家庭，收纳孩子换洗衣物的空间设置在厨房附近会非常方便。喜欢户外活动的家庭，可以在玄关设置一个大的收纳柜，这样各种户外用品搬进搬出时会非常轻松。

理想的房间布局应当可以适应居住者因人生阶段变化而带来的各种变动。

日野府

That's Why 4

在居家生活中感受自然风景

自然的风景会随着季节的变化呈现出不同的风貌，它的美是任何人工装饰品无法比拟的。若是在家中一个不经意的抬眸，就能够看到院中的绿植、院外的行道树或是远山，这样的生活该是多么疗愈。

理想的生活，是在家中也能时时感受到自然之美。即便建筑用地面积狭小，在建造房屋时也要做好规划，确保日后可以透过窗子感受自然的绿意。

为了避免外人从窗外看到室内的情况，城市里的住宅常常会安装磨砂玻璃。但是这种无法看到外面风景的房间有很强的闭塞感。想保护隐私可以安装蕾丝窗帘，哪怕只是透过窗帘看到一丝绿意，也能大大改善人的心情。

如果建筑用地面积较大，建议设计一个小小的中庭，既可以确保家庭隐私，又能在生活中欣赏到庭院的风景。中庭可以确保人在家中的任何地方都能够看到绿植，使生活更加舒适、愉悦。如果条件有限，很难做到像四合院那种整齐地围出一个院落来，也可以将房屋建成L形或コ形，剩下的空间留作中庭。

若是住宅附近有公园绿地或行道树，还可以巧妙安排家中的窗户位置，确保人在家中也可以享受到院外的自然风景。

此外，想要在家中感受大自然的魅力，采光与通风的方式也非常重要。

如果白天在家可以不用开灯，仅依靠自然光生活，舒适度会大幅上升。虽说如此，也没必要强求窗户必须朝南。家中的窗户朝北或朝东时也可以获得稳定的日照，而且是清晨时分清新、柔和的阳光，室内温度也不会过高。

为了引入舒适的清风，家中不仅要有进风口，还要设置出风口，要构成“风道”。窗户的位置及大小要与周围的环境、建筑用地情况以及房间布局相匹配，如此才能有效地排出房间内的湿气及各种生活异味。

上山府

That's Why 5

构建不会变乱的家居体系

有些家庭，无论客人何时到访，都收拾得清爽、整齐。当然，这与主人擅长整理家务有很大的关系。但是住宅能够永远保持清洁、整齐状态的最根本原因，还是家中有一个不会变乱的家居体系。

而要构建这样的体系，必须要做到“收纳位置适当”且“收纳数量适宜”。

首先，“收纳位置适当”是指物品收纳的场所要符合主人的动线，且物品要容易找到。做到这一点，物品就不容易散落四处。为此，居住者必须在最初入住时就将所有物品进行分类，在确定其使用场所的基础上布局摆放，这确实需要花费不少的时间与精力。但只需努力这一次，将物品恰当分类、摆放之后，家中就可以一直保持整洁，彻底摆脱物品四散的烦恼。

我向客户交房时，会提前在洗脸区之类的墙面收纳柜上摆好白色的塑料收纳筐。如果客户需要自己去购买收纳筐，他们经常会因为怕麻烦而放弃购买，所以我一开始就将大小适当的收纳筐准备好。如此一来，客户入住之后就很容易建立起有效的房间整理体系。

第二个要点就是“收纳数量适宜”。居住者需要先确定在生活正常运转情况下的各种物品的“适宜数量”，尽量减少其摆放在常用置物架上的数量。以浴巾为例，因为是用一条洗一条，所以不必在浴室同时摆放多条浴巾。家中多余的浴巾可以放置在他处，这样既维持了浴室的清爽整洁，也方便使用。

确保家中物品数量与收纳空间相匹配这一点十分重要。最好的方法是减少家中物品数量。但很多人做不到这一点，总是因为收纳而烦恼。而且随着孩子的成长，物品也会逐渐增加。如果收纳空间不足，可以考虑在现有的收纳柜中增加置物隔板。隔板数量增加后，可收纳物品的数量也会相应地成比例增长。

为了确保今后可以一直毫无压力地生活，请大家一定要尝试在家中构建一个不会变乱的家居体系。

小林府/小金井市

That's Why 6

合理设计空间大小及家具尺寸

衣服有尺码大小，同样，住宅也有适合居住者的尺寸。空间、家具的尺寸都要与居住者的自身情况相匹配，这样住起来才舒适、便利。

但是厂家制作家具时，尺寸或是取平均值，或是取一个便于工厂生产操作的数值，有时候并不适合使用者的身体情况。例如厨房的料理台、洗脸池、餐厅的椅子等，这些家具的高度如果和使用者的身高不匹配，不仅使用起来不方便，还会给身体带来负担。

最近，越来越多的家庭开始夫妻二人一起做饭。如果二人存在身高差距，可以将摆放厨房电器的小矮柜做得高一些，方便丈夫在厨房干活。

餐桌与餐椅的尺寸关系到使用者的身体健康，需要慎重选择。很多人会优先考虑桌椅的设计，但也不要忘记仔细检查桌面与椅面之间的高度差。如果桌面与椅面高度差过大，用餐时手臂很容易疲劳；如果高度差过小，又很容易弯腰驼背。理想的桌椅高度是人坐在椅子上时双脚可以平放在地板上，双臂可以自然地放在桌面上。

人上了年纪以后，坐高椅子很容易感到疲劳，选择低一点的椅子会坐得比较安心。对于日本人而言，欧美的家具往往过高，所以选择时必须慎重。

空间的宽度问题也需要注意。人身体最宽的地方是肩膀，在设计家中过道宽度时，一般都是以肩宽为参考标准的。基本上家中过道宽600mm就足够了。

但是卧室床边的过道可以再窄一些，不必考虑到肩宽。相反，厨房的过道则是要再宽一些才方便，因为在厨房里搬东西的时候会支起胳膊，所以过道宽度需要比肩宽大一些。

在设计住宅时要时刻注意空间大小和家具的尺寸，如此才能令生活更加舒适。

冈田府

Chapter

2

合理的布局与动线造就时刻美丽的家

住宅设计时如果忽略了动线的设计，日后居住者就得被迫忍耐生活中的种种不便，总有一天住宅会变得不再美丽。
住宅的布局与动线设计要配合居住者的生活。
本章将分功能区介绍任何人都适用的布局与动线设计方案。

以居住者为主角设计布局与动线

住宅设计要配合居住者的生活

坂本府

与二十年前、三十年前相比，我们的生活方式、生活中关注的重点都发生了巨大的改变。无论是男性还是女性，都比之前更加注重自己的仪容仪表，育儿、工作两手抓的职业女性也有所增加。大家的思维观念在不断发生变化，但是很多人却依然住在之前的老房子里。现在正是重新审视“人的生活要配合住宅的情况”这种老观念的好机会。如果在住宅设计时，能够树立“居住者才是住宅设计的主角”这一观念，就能够发现居住者所需要的是怎样的布局和动线。

合理规划布局
找回失去的时间

很多人由于家中不合理的布局，在各房间之间的来回走动上浪费了很多时间。因为长久以来的生活习惯，他们已经适应了这种生活模式，认为“这很正常”，可搬到一个动线设计更为合理的新家之后，就会发现自己之前竟然浪费了那么多时间与精力。由于家中收纳空间不足而不得不一直整理房间，也是夺走居住者时间的原因之一。即便每次浪费的时间只有一点点，长期积累下来，也是一个天文数字。如果居住者想要拥有更多的时间来充实自己的生活，就必须缩短家务和着装打扮的动线。

构建每个人的
独处空间

即便是关系融洽的家庭，各个家庭成员也需要在家中拥有只属于自己的独处空间，如此生活才能安稳。孩子长大了必须要有自己的卧室，而夫妇二人也需要确保彼此拥有私人的空间，这样有助于消除生活中的压力。哪怕住宅面积较小，只要在布局上下一些功夫，也可以为每个家庭成员构建出自己的一片小天地。如果这个独处空间不孤立、不封闭，里面的人还可以适当地感知其他家人的情况，则更加理想。

客厅·餐厅 Living & Dining

客厅和餐厅是全家人聚在一起的地方。理想的客厅、餐厅布局，不是以家具或其他物品为主角，而是以人为本，要收拾得干干净净，有开放感，目之所及的所有物品都摆放得整整齐齐。

全家人都会围聚在餐厅。整个餐厅环境简洁、干练，收纳空间不显眼。从厨房到餐厅、客厅，给人一种整体感。（南府）

餐厅、客厅面朝庭院。坐在房间内的任何地方都能够轻松看到电视屏幕，全家人在同一个空间内可以各自做自己的事情。（吉井府）

客厅与餐厅呈现整体感

标准的住宅布局是将客厅与餐厅作为一个整体空间来使用。最近很多家庭的厨房也做成了开放式，因此，合理安排布局，令餐厅、客厅、厨房三者呈现出整体感就成了舒适生活的关键。要实现三者的整体性，首先需要确保门窗、家具在色彩上的协调。此外，较小尺寸的家具不会分割空间，有助于体现一体感。有时候人会隔着沙发看电视，所以沙发靠背的高度也要注意，不要遮挡电视屏幕。

格栅式的隔断能够阻挡部分视线，避免厨房全部暴露在视线中，有助于打造厨房、客厅与餐厅的一体感。（冈本府）

【整体感的房间布局实例】（南府，实景图见上一页）

厨房、餐厅、客厅之间没有阻隔，连成一个整体空间。在厨房也可以看到正面庭院的绿植。

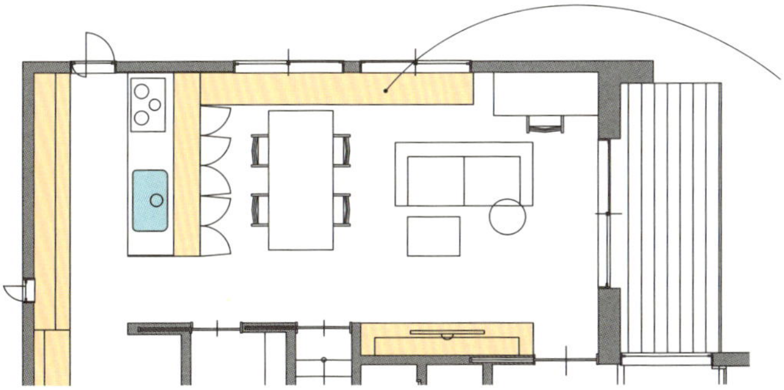

长长的吧台从餐厅一直延续到客厅。客厅一侧的吧台后面藏着暖气设备。

收纳能力超强的餐厅
是实现便利生活的关键

家中的餐厅并不是一个单纯用餐的地方。它既是召开家庭会议、一家团圆的场地，也是与访客聊天的场所，偶尔还是学习的空间。正因为餐厅具有多种功能，使用场景常常改变，所以必须可以灵活重置。想要保持餐桌上空无一物的状态，餐厅就必须有充足的收纳空间。同时，餐厅也是一处休闲、放松的场所，所以收纳柜还必须要隐蔽、不显眼。

由于主人有很多餐具，所以在餐厅一侧墙面设计了由矮柜与吊柜组成的分离式壁柜，宽度占据了一整面墙。（中野府）

1

2

3

1. 餐厅和厨房分隔处的吧台与餐厅一侧墙面的矮柜构成了一组L形收纳柜。矮柜虽然在宽度上占据了一整面餐厅墙壁，但由于高度较低，所以不会产生压迫感。（米崎府）

2. 家中的许多物品，如药品、文具、文件等，主人都希望可以收纳在餐厅里。（福山府）

3. 主人希望能够将餐盘等餐桌上会用到的餐具放置在餐厅的收纳柜中。（冈田府）

【L形收纳柜布局实例】（米崎府，翻新住宅，实景图见本页上方）

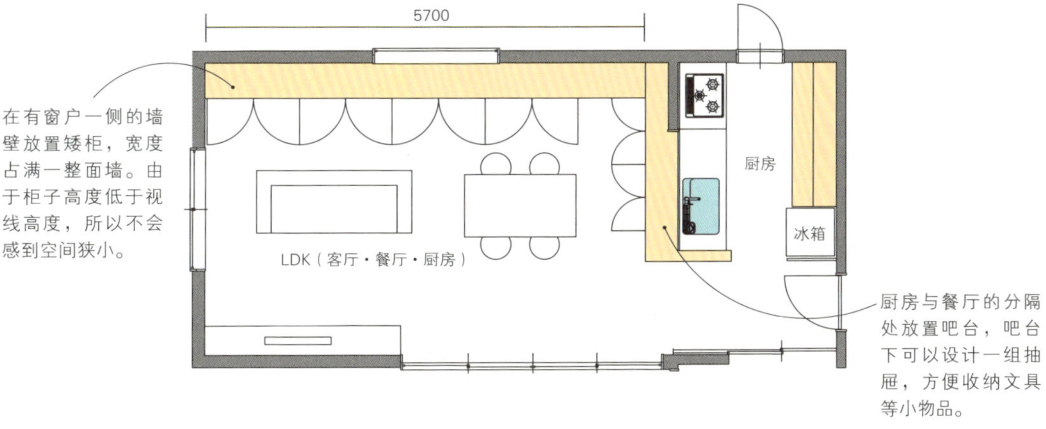

餐厅的收纳空间
能够大幅缩短家务动线

餐厅同时也是做各种家务活的地方。如果可以将各种家务所需的工具都放置在餐厅的收纳空间，人就无须再到各个房间拿取，节省了在家中四处走动的时间，每天的家务会变得更加顺畅。在设计餐厅时，首先要仔细思考居住者想要在餐厅做哪些工作，做这些工作需要哪些必要的工具，之后便很容易得出一个设计方案。

1

2

1. 餐厅一侧收纳柜的部分柜门可以向下展开，柜子里面是推拉式的滑板，滑板上放置了小烤箱。（柏木府）
2. 很多人喜欢在餐厅里听音乐。如果可以在餐厅的矮柜中设置一处存放CD的空间，整理的动线就可以缩到最短，方便快捷。（芦田府）

如果在餐厅设置一处收纳餐具的空间，用餐时就可以迅速摆好碗盘，其他家人帮忙收拾起来也非常方便。（上山府）

1. 这所住宅的主人希望可以在餐厅熨烫衣服。使用时将熨衣板拉出，用毕收起，非常方便。（栗津府）
2. 居住者想要在房间内晾晒衣服时，可以从墙壁处拉出晾衣绳。（栗津府）

1. 在餐厅的一角，为孩子设计了一片学习空间。母亲站在厨房里就可以看到孩子的情况。墙壁内部安装了一个小架子，可以收纳课本等物品。

2. 孩子在婴幼儿时期，父母常常会在餐厅为孩子换衣服。如果在餐厅旁设计一处可以收纳换洗衣物的空间，生活会更加舒适方便。（均为粟津府）

将餐厅打造成能够守护孩子成长的空间

餐厅可以称得上是家中育儿的主要空间。孩子小的时候，有一些父母会在餐厅帮他们换衣服。很多孩子在小学二、三年级之前，都是在父母能够看得到的地方学习，而不是在自己的卧室里。因此，如果将学校会用到的书本、文具收纳在餐厅里，就可以方便父母为孩子进行第二天上学的准备。餐厅里收纳的物品，会随着孩子的成长不断变化。

强调水平线条
令空间更加简洁

令空间看上去更加宽敞、简洁的秘诀，就是在视觉上尽可能地延长水平的线条。例如，餐厅的矮柜、客厅的电视柜选择宽而长的款式，会显得更加舒展。柜面上尽量不要放置任何物品也是强调水平线的秘诀之一。优美延伸的直线在提升室内装修效果方面胜过任何装饰品。

厨房与餐厅的分隔处放置一个拥有足够收纳空间的吧台。吧台横向延伸的线条令空间整体显得更加简洁。为了方便安装灯具，厨房吊顶的边缘也做成了水平线的造型。（福山府）

电视柜的宽度占满了整面墙壁。电视上方为了隐藏空调，设计了一处格栅式隔断，宽度同样占满了整面墙壁。人进入客厅后，会感觉整个房间进深较长，宽敞通透。（佐藤府）

厨房 Kitchen

近来，与餐厅在空间上连为一体的开放式厨房成为住宅设计的主流。开放式厨房的设计重点是不能显得凌乱。此外，为了缩短做饭的时间，动线与收纳的设计也非常重要。

充足的墙面收纳能确保厨房保持美观。橱柜上方的吊柜内可以收纳一些较轻的物品。左侧是一个用来储藏食品的塔柜。（平山府）

厨房必须有可以恢复至“表面空无一物”状态的收纳能力

理想的厨房，是所有物品使用完毕后都可以恢复原状，整个空间重回“表面空无一物”的状态。想要实现这一点，就需要在厨房安装收纳空间充足的收纳柜。我推荐安装由吊柜与抽屉式橱柜组合构成的分离式墙面收纳柜。抽屉式橱柜能够轻松利用到柜子深处的空间，可以收纳大量的餐具。橱柜的柜面上可以放置厨房电器，同时也是备菜的场所。如果在厨房内安装一个通高的食品柜，就可以收纳大量的储备食材，非常便利。

抽屉式橱柜可以很轻松地看到柜子深处的空间，拿取方便。（芦田府）

由抽屉式橱柜、吊柜、通高食品柜三者组合成的墙面收纳柜组合，使用起来更加方便。（平山府）

理想的厨房要做到“收纳位置适当”一步不动即可完成所有工作

做饭的人都想为饿着肚子的家人尽快做好饭菜，但是也不希望为了追求速度而忽略饭菜的质量。这时候，一个功能性极强的厨房就成了他们最强有力的同伴，让人在做饭时不用走来走去。垃圾桶就放在水槽下面，平底锅就放在燃气灶下面……诸如此类，所有的物品都收纳在“适当的位置”，做饭的人想要使用某件物品时，只需伸手便可以拿到，做饭的速度自然也就提高了。在狭窄的空间中，必要设备的放置要符合人的动线，这一点也十分重要。

1

2

1. 人站在燃气灶前，原地不动就可以用右手取出平底锅，左手拿取调味料。
2. 垃圾桶就在水槽的正下方，菜刀以及其他炊具也在触手可及的地方。菜盆、笊篱收纳在水槽下方的抽屉中。（两张照片均为平山府）

会同时使用到的物品要邻近放置，这是收纳的铁则。热水壶的正上方是茶叶、咖啡、茶壶等。（上山府）

厨房的一角放置洗衣机。忙碌的清晨，人在一个地方便可完成所有的家务。洗衣机可以用推拉门隐藏起来。（青木府/杉并区）

从洗碗机中取出餐具后，只需一个侧身就可以将其放入身后的收纳柜中。无须走动一步，便可以完成餐具的整理工作。（平山府）

【能够减轻做饭负担的布局实例】（平山府，实景图见左上方）

人在做饭时伸手就能够拿到食品柜中的食材，既可以迅速取用做菜，还能顺便确认库存。

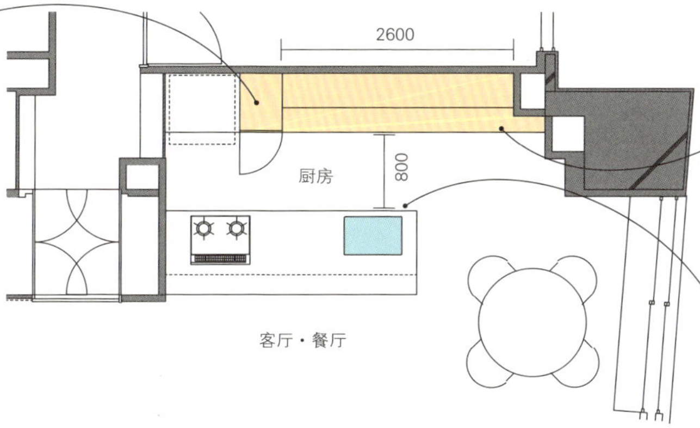

电饭煲放在水槽后的推拉式收纳柜中，米洗好后可以迅速放入电饭煲中蒸煮。

水槽下是垃圾桶。

食品柜放置在料理台旁
各类食品库存一目了然

对于人数较多的家庭和工作繁忙无法每日购物的家庭而言，一个大容量的食品柜必不可缺。食品柜最好能够放置在厨房中做饭的人无须移动便触手可及的地方，如果厨房较小，那就尽量放在离厨房最近的地方。食品柜中装入大量隔板，提高收纳密度。食品装在带有网孔的收纳篮中，不仅库存情况一目了然，还方便拿取，避免遗忘。如果是较深的食品柜，建议使用抽屉式收纳，方便存取。

（左页图）由于厨房中没有足够的空间，所以在贴着过道一侧的墙壁上设计了一个食品柜（宽760mm×深300mm×高2000mm）。进深较浅，方便收纳。（青木府/杉并区）

1. 通高的食品柜紧贴着厨房墙面放置。食品柜与橱柜是一个套组，进深较深，所以柜中安装了抽屉，方便查看食品库存。（藤田府）
2. 如果厨房内没有空间放置大型食品柜，也可以利用橱柜的一角存放食品。（柏木府）

【食品柜布局实例】（藤田府，实景图见左上方）

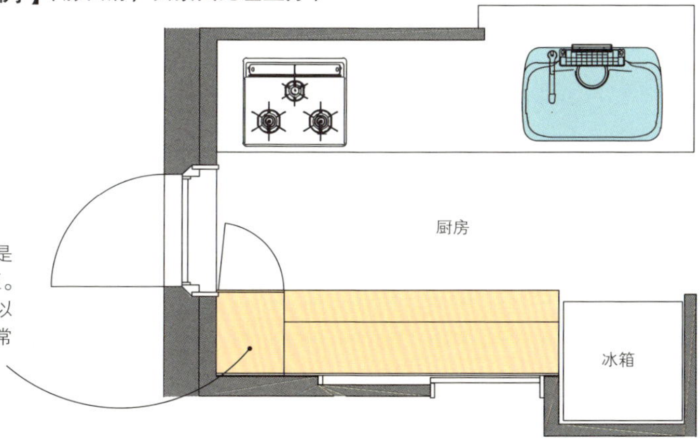

橱柜贴墙放置，一端是高至天花板的食品柜。人在做饭时伸手就可以取到柜中的食品，非常方便。

厨房有侧门，家务更顺畅

对于家中有菜园或是需要常常打理庭院的家庭而言，一个连接厨房与庭院的侧门可以为生活带来极大的便利。侧门旁可以放置一个高至天花板的高密度收纳架，用来收纳菜园里采摘的蔬菜，打理庭院时会用到的工具、外套、帽子等。另外，如果在侧门与厨房之间放置一个食品柜，主人购物回家将食材放入柜中后，就可以直接进入厨房，非常方便。在设计住宅时，要注意侧门的隐蔽性，避免人能够从餐厅、客厅直接看到厨房侧门和收纳架的全景。

1. 打理庭院时需要用到的工具可以全部放在侧门旁的收纳架上。（小林府/小金井市）

2. 应女主人的要求，我在连接庭院与厨房的侧门旁设计了一个腌菜区，还附带一个小型的洗菜池。（原府）

【厨房侧门布局实例】（小林府/小金井市，实景图见左上方）

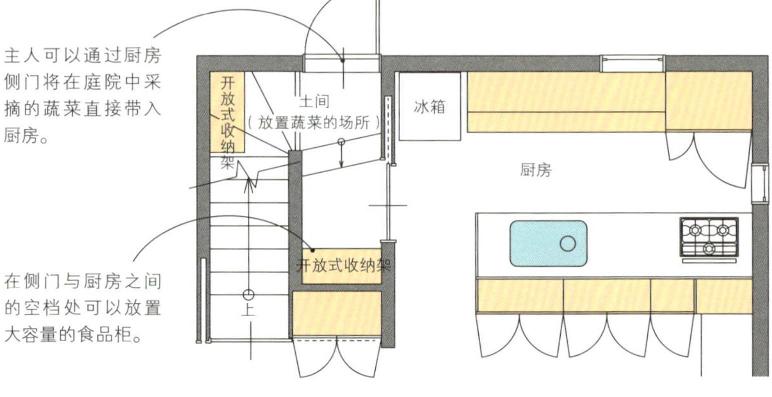

垃圾桶位置得当，生活压力瞬间变小

我们在考虑厨房布局时，很容易疏忽垃圾桶的位置。如果垃圾桶距离料理台较远，扔垃圾不方便，做饭时就会效率低下，积聚压力。而如果人站在水槽前，不动一步便可以将垃圾扔入垃圾桶中，做饭时就会心情舒畅。另外，垃圾桶直接暴露在外面既碍事又不美观，所以在设计布局时要想办法令其成为室内装潢的一部分。

1. 垃圾桶放置在水槽的正下方。关闭柜门后，从外面看不出里面是垃圾桶。（吉井府）

2. 垃圾桶的上方安装了一根横杆，可以用来挂放带喷嘴的清洗剂等物品。（山本府）

垃圾桶距离水槽“零”步之遥。做饭时，只需一回头就可以将垃圾放入垃圾桶中。（青木府/杉并区）

卫生间 Bath Room

卫生间想要保持清洁，重点在于整个卫生间要简洁且易打扫。特别是洗脸区，由于人在这一区域停留的时间长，使用的工具多，所以一个功能性良好的洗脸区能够切实地提升生活品质。

从地板直达天花板的浅柜 是理想的洗脸区收纳柜

洗脸区是家中利用率极高的场所，家庭成员会交替使用。居住者每天要在这里做各种各样的事情，如果可以在此区域放置一个大容量的收纳柜，便利性会得到显著提升。我建议条件允许的情况下，在洗脸区放置一个从地板高至天花板的收纳密度极高的收纳柜。而这里的重点在于柜子宜浅不宜深。浅柜可以通过增加隔板的数量来提高收纳能力，一样可以摆放大量的物品，而且柜中有何物品一目了然，拿取方便。

【洗脸区大容量收纳柜布局实例】（青木府/杉并区，实景图见下一页）

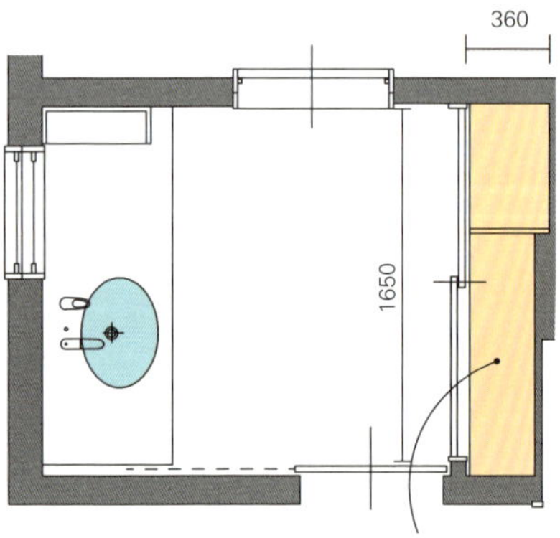

洗面台的对面设置了一个大容量的收纳柜。

洗脸区除毛巾外，如果还能放置一些睡衣或内衣，就可以缩短洗澡时的动线。家中洗衣液等日用品的储备也可以放在这里。（青木府/杉并区）

紧贴墙面的高密度收纳壁柜。由于它的存在，洗面台下方可以做成开放空间，放置洗衣篮、体重秤等，非常方便。洗面台上方和下方分别开了一扇窗，不仅采光好，还利于通风。（青木府/练马区）

这所住宅的布局是浴室、洗脸区、卧室、厨房依次相连。无论是清晨的打扮，还是睡前的洗漱，动线都很短，舒适又便利。（新地府）

合理设计卫生间周围的动线为人生赢得更多时间

人们早晨起床后的行动轨迹通常是由马桶到洗面台。也有一些人会在早晨洗澡。如果卫生间距离卧室近，早晨的动线就会缩短，着装打扮也会更加迅速。如果卫生间同时距离衣柜也很近，那就可以在一个地方完成所有的出门准备，方便又舒心。居住者不用穿着睡衣在房间内四处走动，可以将自己收拾完毕之后再前往厨房或餐厅。

1

2

1. 浴室、洗脸区和衣柜连在一起。居住者可以非常顺畅地进行出门前的准备。(冈田府)

2. 一个人独自生活时的房间布局，洗脸区、马桶、卧室依次相连。不使用马桶时，可以将推拉门打开，就形成了一条完整的过道。(泷本府)

【卫生间与卧室相邻的布局实例】（新地府，实景图见上一页）

浴室、洗脸区、卧室、厨房依次相连。白天时把所有门都打开，卧室就变成了连接厨房与卫生间的过道。

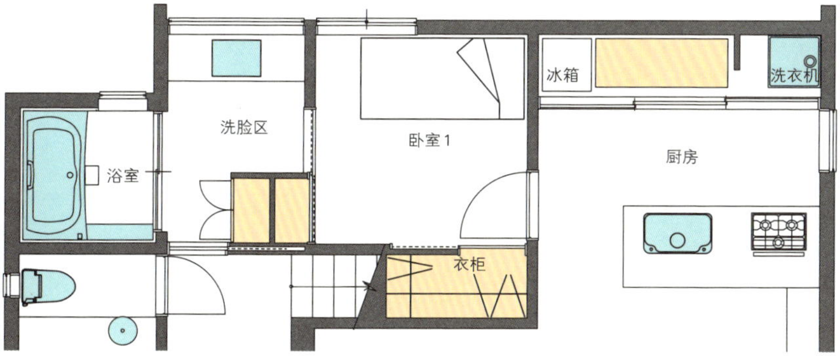

改善洗脸区功能，提高做家务效率

什么样的洗脸区有助于提高做家务的效率呢？将洗好的衣物从洗衣机拿至晾晒区之前，如果能够有一处空间临时挂置衣物，会方便许多。我建议可以利用洗衣机旁的天花板安装一根晾衣杆。如果空间宽裕，还可以在旁边增设叠衣区和熨衣区，更加便利。保持家中整洁的方法之一，就是不把洗好的或待洗的衣物带到客厅或餐厅。

居住者可以将洗好的衣物暂时挂在天花板的晾衣杆上晾干。杆的高度要和居住者的身高相配，要安装在居住者手可以碰到的地方。（冈本府）

在洗脸区和晾衣区之间设置了一处家务区。居住者可以将洗好的衣物拿进来熨烫或叠放整齐。（上山府）

狭窄空间也可以
不动声色地增加收纳

像厕所或洗衣机周围这种不能放置大型收纳柜的场所，可以在墙壁上开一个小壁柜，收纳一些零碎的小物，会带来意想不到的便利。设计壁柜的时候要注意隐蔽性，柜门关闭之后要和整体空间的装修融为一体，让人察觉不到它的存在。所以柜门上不要安装把手，把门做成推拉式或按压式。因为客人不会打开这些壁柜，因此可以尽可能地弱化壁柜的存在感。

1

2

3

1. 马桶旁设计了一个壁柜。柜门关闭之后和墙面融为一体。（小林府/小金井市）
2. 在洗衣机旁的墙壁上用木材围出了一个放置洗衣液的空间。虽然只是一个小小的设计，却能为生活带来极大的便利。（新井府）
3. 马桶旁的壁柜拥有出乎意料的收纳能力，柜门关闭之后没有任何存在感。（芦田府）

宽敞的洗面台
美观之外更便于清晨梳洗

建议在空间允许的情况下，洗面台做得越大越好。如果洗面台宽敞，在忙碌的清晨，夫妻二人就可以一起站在洗面台前，一个人洗漱，一个人化妆、吹头发，完全不会互相打扰。洗面台的镜子也可以做得大一些。大镜子既可以看到更广的空间，又可以延长洗面台的水平线，令洗面台整体更加简洁、美观。洗面台上下最好各开一扇窗，透光、通风。因为人会在这里化妆或戴隐形眼镜，所以明亮的空间更加方便。

即便洗脸的水池只有一个，但只要洗面台的镜子够大，一样可以两个人同时使用。（冈本府）

洗脸区的空间足够宽敞，即便使用洗面台的人和洗衣服的人动线交叉，也不会彼此妨碍。因为光照充足，人在此处洗漱、化妆的时候也会心情舒畅。（上山府）

老年人也能安心居住
就是对所有人都“宜居”

我们在新建或翻修住宅时，必须要考虑到10年、20年之后的生活。马桶要方便护理人员行动，洗面台要坐在椅子上也能使用……家中的各种设备需要方便老年人使用，这不仅是为了居住者自己，客人来访或亲戚到家中暂住时，使用起来也会比较安心。如果是老年人能够安心居住的家，那么对于所有人而言，都会是宜居的住宅。

洗面台下是开放空间，方便平时把椅子塞进去收纳。这样不仅人可以坐在椅子上化妆，使用轮椅的人士也可安心使用。（芦田府）

马桶所在的房间开了两扇门，方便护理人员行动。需要两个人搀扶一个人时也很方便。（小林府/茅崎市）

卧室 Bed Room

卧室的主要功能就是在里面睡觉，所以房间布置要尽可能简洁，不要放置多余的物品。

也有人白天会在卧室里叠衣服、熨衣服。所以推荐在卧室里设计一个相当于书房的工作区。

壁纸、窗帘和床单被套的色调统一，都是柔和的颜色，人置身其间心情平静。卧室内没有任何多余的家具。（宫内府）

控制卧室的面积和装饰 打造宁静的空间

卧室的面积不要过大，这样有助于营造出宁静、平和的氛围。床周围留出人铺床时方便活动的空间就足够了。生活中没有什么东西是必须放在床边的，所以我建议撤掉床头柜，改为在床头触手可及的地方安一个小小的置物板。也可以利用窗台放东西，或是在墙上开一个凹进去的壁柜。

壁纸、窗帘等室内装饰材料要选择柔和的颜色和花纹。

床周围留下人能够走动的空间就足够了。如果将两张单人床拼在一起作为双人床使用，周围的空间还会变得更大。（小林府/茅崎市）

【令人心境平和的卧室布局实例】（小林府/茅崎市，实景图见上方）

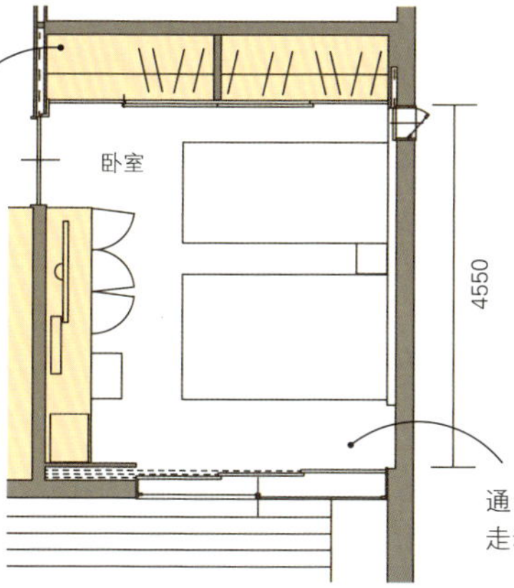

夫妇二人每人一个大大的衣柜，其中一扇衣柜的柜门是一面全身镜。

通道的宽度能够供人走动铺床就足够了。

增加卧室功能性
打造更加贴合生活习惯的空间

绝大部分人在白天时段基本不会使用卧室。但如果卧室内摆放有衣柜，或是卧室隔壁就是晾晒衣服的场地，那么在这里叠衣服、熨衣服就可以缩短家务动线，方便又快捷。我建议大家在卧室摆放一张窄桌，用作梳妆台或是书桌。因为其他家庭成员基本不会在白天时进出卧室，所以有需要的人就可以在这里安心做自己的事情。

1

2

1. 熨衣台与衣柜的组合。人能够在站立状态下使用熨衣台熨衣服，使用完毕后，可以将熨衣台折叠起来收入柜中。（平山府）
2. 借助卧室的一面墙安装一张窄桌，用来当作梳妆台。浅而宽的抽屉非常适合用来收纳饰品、美妆工具等小物件。（小竹府）

卧室窄桌的桌面以下部分，一半做成收纳柜，一半做成开放式空间，形成了类似书房的工作区，便于在此办公。（小林府/茅崎市）

为了方便晚间在卧室里进行休闲娱乐活动，主人在衣柜中放置了电视机和冰箱。（小林府/小金井市）

合理摆放衣柜能减轻生活压力

衣柜有壁柜和步入式衣柜两种常见类型。如果夫妻二人不混用衣柜，各自拥有一个衣物收纳空间，查找和取放衣物时会更加方便。若安装的是壁柜，可以左右分区，一人用一边。如果家中条件允许，也可以将两个人的衣柜都做成步入式。步入式衣柜还可以进化为两端皆有出口的贯穿式衣柜，两个人的动线不会相撞，使用起来更加方便。如果贯穿式衣柜的一端是卫生间，那么居住起来就更加方便了。

1. 卧室内设计了两处壁柜。如果夫妻二人的衣物分别收纳在靠近自己睡觉地点一侧的壁柜中，那么即便两人早晨起床时间不同，也不会因为在衣柜中找衣服而互相打扰。（南府）
2. 衣柜的其中一扇柜门做成了全身镜，既方便整理打扮，又能使室内空间显得更加宽敞。衣柜右侧是妻子的收纳区，左侧是丈夫的收纳区。（小林府/茅崎市）

灵活分隔卧室空间，打造舒适安睡场所

不少夫妻由于对方打鼾或是两人起床时间不同等原因而无法安睡，其中老年夫妻的比例很高。但如果分房睡，又担心对方身体不适时自己无法及时发现。对于有这些烦恼的夫妻，我建议将二人的卧室做一个比较灵活的分隔。只需将推拉门一关，就构成了属于自己的独立空间，非常方便。衣柜也设置在每个人方便使用的地方。

夫妻二人的床之间安装了一扇推拉门，可以将一个卧室隔成两个独立的空间。即便两人起床时间不同，也不会给彼此带来困扰。（小竹府）

【卧室分隔布局实例】（小竹府，实景图见上方）

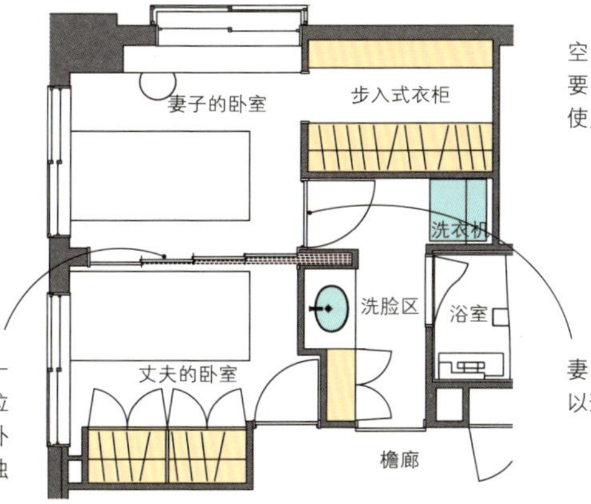

空间隔开之后，也要确保双方都可以使用各自的衣柜。

两张床之间留有一定空间，关闭推拉门后，就将一个卧室分隔成了两个独立的房间。

妻子一侧的卧室可以通向卫生间。

儿童房 Children's Room

孩子的活动场地最初是客厅等公共空间。但随着孩子一点点长大，他们很快就会需要一个自己的房间。

如果家中的布局能够随着孩子的成长一起变化，空间利用会更加高效。

1

可变布局应对家庭情况的变化

最近有一些家庭在设计住宅时反而不打算为孩子设置一个独立的活动空间。但我认为，孩子在成长过程中，必须有一个只属于自己的空间。或许有些家庭在建造住宅时，还不清楚家中之后会有几个孩子。这种情况下，我会建议先设计一个儿童房，第二个孩子出生后，再将这个房间一分为二。如果房间布局能够灵活改变，儿童房将来还可以作为父母的兴趣活动室使用。

1. 一男一女两个孩子的儿童房。住宅的主人计划待孩子们长大之后，就在中间隔一堵墙，将房间一分为二。这个计划是建房时就成形的，所以房间内的房门、窗户、插座的位置也都提前计划好，左右皆有。（新井府）

2. 宽敞的客厅一角是孩子的游乐空间。住宅主人计划将来增建一堵墙，为孩子隔出一个独立的房间。现在的窄桌将来可以作为孩子的书桌继续使用。（平山府）

2

【可变儿童房布局实例】（新井府，实景图见上一页）

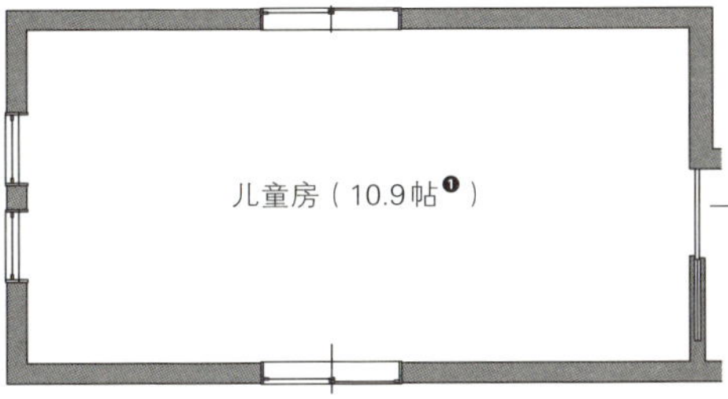

孩子年纪较小时，可以在客厅无拘无束地玩耍。

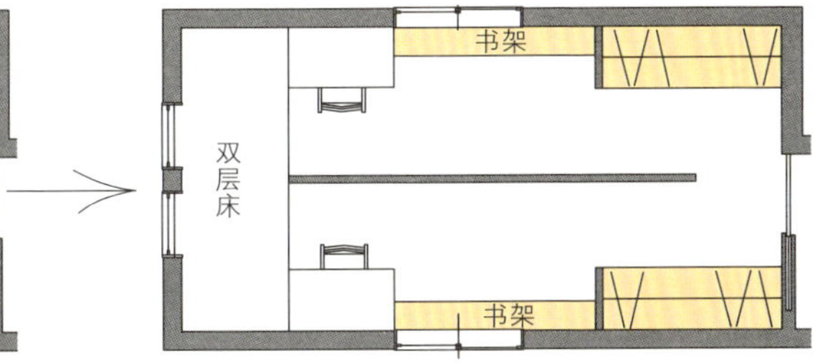

孩子长大后，计划增设一堵墙将房间一分为二，墙壁高至天花板。一个房间直通双层床的一层，另一个房间直通双层床的二层。

❶ 1帖≈$1.62m^2$，10.9帖≈$17.66m^2$。帖：日本面积计量单位，也作"叠"，1帖即1张榻榻米的大小，日本各地对于1张榻榻米的尺寸有"京间""江户间"等数种标准，此处使用的$1.62m^2$大小为日本全国房地产业统一使用的1帖尺寸。（译者注）

20多岁女儿的房间。天花板上挂着练习空中瑜伽时用的吊床。她在工作、学习之余，可以在这个私人的空间内放松、娱乐。（冈本府）

儿童房的设计要能够应对孩子不断变化的体型与爱好

其实，儿童房只要功能齐备、收纳空间充足，面积小一些也无所谓。由于孩子会不断成长，兴趣爱好或是想做的事情也在不断变化，所以在装修时，最好不要选择嵌进墙壁里的、不宜移动的定制家具，而是可以根据实际情况一点点添加成品家具，这样更为合理。书桌可以选择一些简洁的款式，这样孩子长大以后还可以继续使用。让孩子自己思考房间应该如何布置，将改变房间布局当作一项乐趣，也是个不错的方法。

房间的主题色是小主人喜欢的水蓝色。整体装修是清新温柔的乡村风格。（向山府）

建立易于收拾的家居体系

如果你的孩子总是将家中弄得特别乱，那可能是因为住宅的收纳空间不足。随着孩子逐渐长大，家中的东西也会越来越多，所以在最初设计时，就必须要预见到这一点，提前布置好充足的收纳柜，或是留下一些空间方便日后添加家具。最好能在家中构建一个易于收拾和整理的家居体系，如放置一些没有柜门的开放式收纳架，或是一些可以挂在墙壁上的收纳工具等。

1

2

3

1. 选用不高的收纳柜，在孩子触手可及的范围内，可以令他们养成自己收拾整理绘本、玩具的习惯。（宫内府）

2. 开放式衣柜避免了很多整理衣物时的麻烦。（宫内府）

3. 墙壁上安装了网格衣架。只需将帽子、背包等轻轻一挂，就可以确保家中的整洁。（中野府）

榻榻米房间 Japanese Style

用榻榻米铺装的房间可以应对生活中的许多使用需求，非常方便。同时，它也是家中一处可以进行兴趣活动的场所，令居住者的生活更加充实、丰富。

理想的榻榻米房间是与客厅灵活地连在一起，构成一个有整体感的空间。

降低视线高度
打造宁静、平和的空间

由于榻榻米房间内没有椅子，都是席地而坐，所以人在这里的视线位置要低于其他房间。因此，门窗、家具的位置也要相应降低，整个空间才能显得宁静、平和。窗户不要做得过大，要刚好只能圈出人想看到的地方，如庭院的一部分。

如果想要将榻榻米室作为会客厅使用，理想的方案是将一个独立的房间布置成榻榻米室，尽可能避免从客厅、餐厅等地看到这里的情景。

如果平时访客不多，也可以将榻榻米室设置在客厅隔壁，没有客人时二者是一个整体的空间，来客人时关闭推拉门或打开屏风，分隔出一个独立空间。

1. 将榻榻米室的窗户当作画框，截取庭院风景入画。由于窗户的位置较低，所以无须在意来自室外的视线。（小林府/茅崎市）

2. 通过扩大壁龛上部的垂壁，降低了人的视线高度。入口处的推拉门在设计时也特意控制了高度。（芦田府）

3. 榻榻米室平时与客厅构成一个整体空间。有客人来暂住时，拉下卷帘就成了一个独立的空间。（塚原府）

【独立榻榻米室布局实例】（小林府/茅崎市，实景图见上方）

榻榻米室与其他房间构成一个L字形，在餐厅一侧无法看到这里的情形。

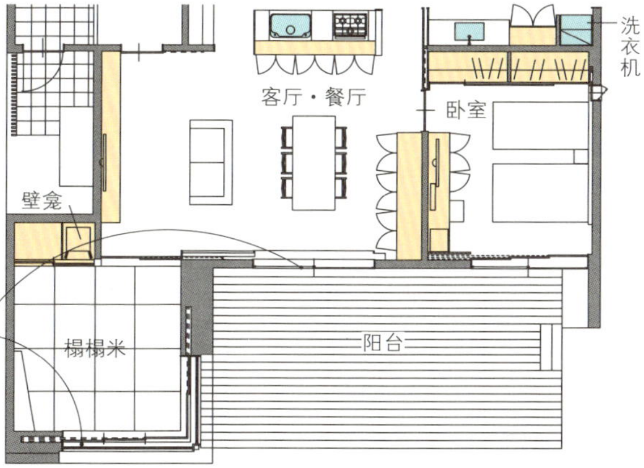

榻榻米室的窗户面向日式庭院。从餐厅的窗户望出去，看到的则是西式的庭院。

壁柜底端距离地面一定距离
房间显得更宽敞

榻榻米室中一般都会设置收纳被褥、坐垫的壁柜。当房间面积有限时，建议将壁柜的柜底抬高，和地板拉开一段距离。地面较宽敞时，整个空间也会显得宽敞。柜底和地面之间的空间，可以放置一些装饰品，或是开一扇窗户。虽然面积很小，但因为有了日式拼色的榻榻米地面和装饰吊顶，这里也会显得丰富而不单调。

1

2

3

1. 榻榻米室与客厅相连。关闭推拉门之后，榻榻米室就可以作为独立的空间使用。壁柜距离地板有一定的距离，柜底下方开了一扇窗。（上山府）

2. 墙壁的一半用来做壁柜，另一半挂了一幅画作为装饰。（小林府/小金井市）

3. 因为壁柜距离地板有一定的距离，整个空间会显得更加宽敞。（山本府）

工作区 Study Room

你会选择在家中何处使用电脑、记录家庭开销、写信或是做一些自己喜欢的事情呢？

很多人会选择餐桌，但如果能有一个专属于自己的空间来做这些活动，哪怕只是很小的一个房间，都可以大幅提升生活的舒适性和便利性。

女主人的工作区设置在餐厅或厨房附近

在设计住宅布局时，为女主人设置一个专用的工作空间已经成为一种很普遍的现象。现在这个时代，每个人都会在家中使用电脑，还有一些人需要手写记录家庭开销或是写信。很多女性都希望能够在做家务的空档来完成这些事情。考虑到女主人的家务动线，建议将她的工作区设置在餐厅或厨房的一角。

1. 设置在餐厅一角的电脑区。书桌凹进去的地方收纳着电脑的周边器材，从餐厅方向看过去，很难看到里面的情形。（小林府/小金井市）
2. 工作区设置在厨房的一侧。墙壁上安装了一个小小的搁板，可以放置一些小物或是装饰品。（小林府/茅崎市）

1. 在厨房的深处，为女主人设置了一处可以进行她的爱好——制作法式手工布盒的工作区。她之前是在榻榻米室制作法式手工布盒的，工具摆得到处都是，没办法招待客人。
2. 书桌上方安装了吊柜，有效利用狭小空间。
3. 书桌对面还有充裕的收纳制作工具、纸板的空间。（均为冈田府）

【工作区设置在厨房旁的布局实例】（冈田府，实景图见上方）

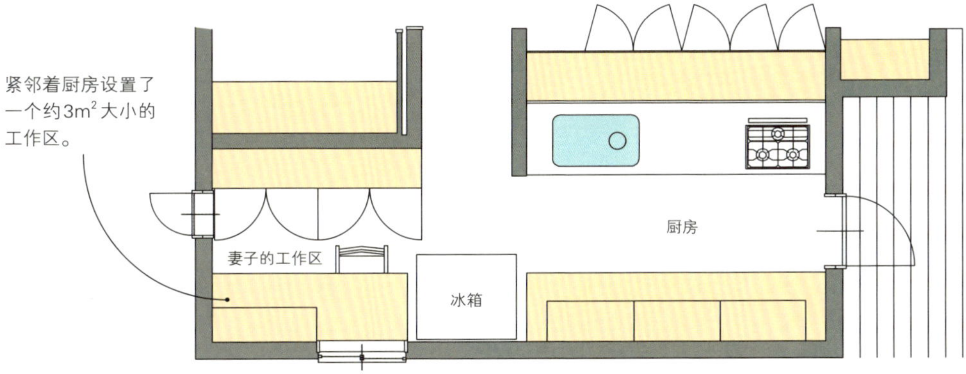

男主人的书房
不要完全与外界隔绝

很多男性都希望在家中可以拥有一个自己的书房。特别是退休后的老年男性，在家中的时间增多，很希望有一处宁静、平和的空间能独自一人使用电脑、读书或是查询资料。但是相较于空间完全封闭的书房，一个能够和其他家人所在的房间保持沟通的书房，使用起来会更加安心，也会令家庭生活更加温馨。如果家中没有足够的空间单独建一间书房，也可以将书房设置在卧室或客厅的一角。

3

1. 客厅是挑高设计，直通屋顶。丈夫的书房就在客厅的上方。宽宽的书桌正对着窗户，人坐在二层书房，可以在工作间隙眺望窗外美景。
2. 从侧面看照片1中书房的情形。一整面墙都是书架。（均为上山府）

3. 原本的榻榻米室重新装修，变成退休丈夫的书房。计划将来把二楼的卧室也搬到这里。（吉井府）
4. 丈夫的工作区。由于没有门，只是用格栅式隔断分隔空间，所以没有闭塞感。（粟津府）
5. 位于卧室一角的工作区。打印机等器材收纳在抽屉中。（向山府）

个人专属的兴趣空间
令人生更加丰富多彩

家中如果可以有一个供人享受自身兴趣活动的空间，生活会变得更加丰富多彩。建议喜欢做手工的读者在家中设置一个小型工作区。可以将不再需要的儿童房改造成自己的兴趣空间。如果是在餐桌等地做手工，时间一到就必须把桌面收拾干净。但如果是在自己专用的房间内做手工，就可以随时停下来去做家务。

【兴趣空间布局实例】（芦田府，实景图见下方）

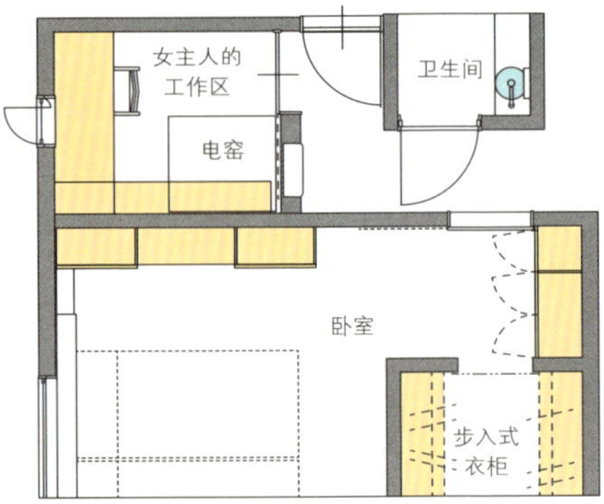

设置在卧室旁的工作区，面积约$6m^2$。工作区装有推拉门，关闭之后就是一个独立的房间。为了实现空间利用最大化，桌面直接和墙壁相连。

专门为女主人的瓷绘爱好设置的工作区。照片中的左下角是烧瓷时使用的电窑。（芦田府）

1. 专门为女主人的瓷绘爱好布置出的空间。推拉门关闭之后，就是一个独立的房间。坐在书桌前一抬头就可以看到院中的绿植，令人心情舒爽。(米崎府)

2. 妻子的爱好是裁制衣服和做手工艺品，在客厅旁为她设置了一处工作区。(冈本府)

紧邻客厅的男主人的书房兼兴趣空间。他在工作时可以感知到其他家人的情况。(青木府/杉并区)

走廊·楼梯 *Passage*

住宅的格局并不一定是由走廊连接客厅与各个房间的样式。

在设计走廊时，可以将其变为一处能欣赏美术作品的空间，或是使其具备收纳等功能。

家中楼梯的布局实例。通向二楼的楼梯就设置在客厅旁，为了能够与客厅融为一体，楼梯的踏步使用了与客厅隔断相同的材料。（冈本府）

在室内设置楼梯
使空间感觉更宽敞

以前在进行家居设计时，往往没有办法实现从客厅直接上到二楼的方案。因为无法解决客厅内的热空气会向上跑的问题。所以只能在室外建一个楼梯间。楼梯间有很多不便的地方，例如，每次从室内出来走到楼梯间都非常冷，而且即便是白天，楼梯间内也很暗。不过，现在的住宅气密性、保温性都提高了，远胜过去，家中各房间的温差缩小，住宅的布局也比过去更加自由。由于无须建造室外走廊和楼梯间，室内空间的利用率也提高了。

1. 在挑高设计的空间中，榻榻米室、客厅和二楼房间连在一起。（上山府）
2. 这间挑高设计的客厅中设置了走廊和通向二楼的楼梯。整个空间具有开放感，能够感知到全家人的活动情况。（原府）

让走廊具备更多功能

走廊和楼梯原本只是单纯供人通行的空间。但如果能令其具备收纳功能，其他房间需要收纳的东西就可以减少，整个住宅会更加宽敞。即便走廊狭窄，但只要让墙壁凹陷300mm，就可以形成一个收纳用的壁柜。而且壁柜进深浅，里面的收纳物可以一目了然，非常方便。此外，如果可以在从玄关到客厅、餐厅的动线上设置洗面台，人回家之后的动线也会更加顺畅。

过道两侧靠墙设置了书架。所有家庭成员每次经过这里都会看到架子上的书，走廊也变成他们对书籍产生兴趣的契机。（平山府）

1

2

1. 连接玄关与餐厅的走廊墙面上安装了一排从地面到天花板的大容量壁柜。进深300mm左右，柜子浅，使用方便。
2. 玄关附近的走廊墙壁上设计了一个自行车的收纳空间。既可以收纳自行车，又可以作为家中的一种装饰。（均为中野府）

在由玄关向客厅、餐厅移动的途中设置了洗面台。有助于小朋友养成回家后立即洗手的习惯。（新井府）

【走廊设置洗面台布局实例】（新井府，实景图见上方）

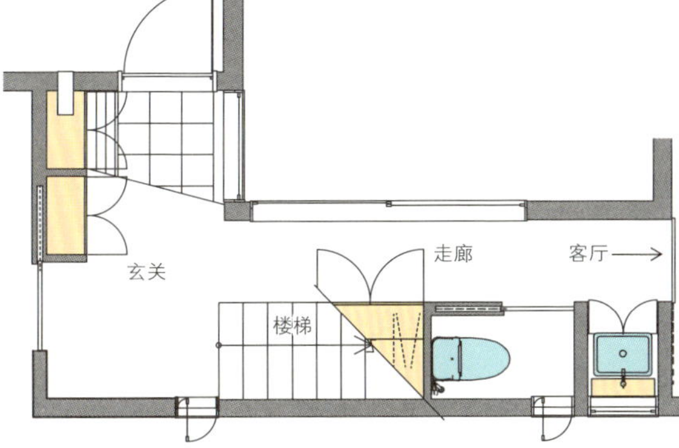

可以在进入客厅之前洗手。餐后也可以在这里刷牙。

玄关 *Entrance*

打开玄关门时，第一眼看到的景象决定了整个家给人的印象。理想的玄关，要能够给家人和客人一种“温馨迎人”之感。

1．玄关正对面的墙壁上铺贴有漂亮的自然风瓷砖。窗户如画框一般，将窗外的绿植风景截取入画，供人欣赏。（米崎府）

2．打开玄关门后，如果第一眼看到的是美丽的画作或漂亮的装饰品，会令人心情舒畅平和。（塚原府）

玄关正对的地方不要设置房门或楼梯

玄关的正对面尽可能安排为墙壁，在墙壁上悬挂装饰画，或在墙壁前摆放装饰性家具。在墙壁上开一扇观景窗也是个不错的方案。采用富于变化的墙壁材料，可以增加美感。如果玄关正对面无可避免地会出现其他房间的房门或是楼梯，可以用设置格栅式隔断等方法，避免从玄关直接看到这些建筑构件，缓和整体氛围。

打开玄关门后，正对面是一个步入式储藏室。储藏室推拉门表面是有凹凸感的嵌板，借此改善空间的形象，避免储藏室大煞风景。（上山府）

玄关正对面是其他房间的房门，所以利用格栅式隔断缓和整体印象，将人的视线引导至旁边的墙面上。（粟津府）

玄关的收纳能力
直接影响住宅的舒适程度

在玄关设置收纳柜时，建议选择由地面高至天花板的大容量鞋柜或衣柜，而非矮柜。收纳柜与墙壁融为一体，能使玄关显得更加宽敞、整洁。有人会在玄关放置矮柜，在柜面上摆放装饰品，但如果矮柜不是放在玄关门的正对面，平时也很难注意到这些装饰。倒不如转而提高玄关的收纳能力：鞋子有了足够的去处，不必散乱地放在地上；外套、雨具、待回收的闲置物等各种物品也都可以放在玄关的收纳柜中，家中干净又整齐。

室外的邮箱和玄关的鞋柜连在一起。无须出门就可以收取报纸、信件等，下雨天时非常方便。（小林府/茅崎市）

1

2

1. 占据了一整面墙的鞋柜。夫妻二人的高尔夫球袋也存放在这里。（米崎市）
2. 玄关凹进去的地方有挂外套的衣架，墙壁上安装了折叠式挂钩。这些设计在有客人来访时能发挥大用处。（小竹府）

鞋柜由地面高至天花板。关闭柜门后，和墙壁融为一体。柜内每一层的高度都是配合鞋子的高度设计的，可以实现高密度地收纳。柜门内侧的横杆可以挂拖鞋。（芦田府）

玄关区的衣柜能减轻生活压力

【外套挂置区布局实例】（冈田府，实景图见下方）

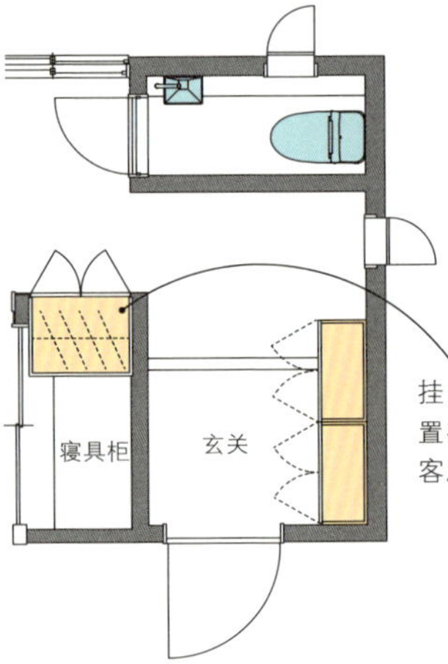

很多家庭的衣柜都设置在卧室里，出门或回家时，需要再到卧室拿取或放置外套，如此一来，动线长度增加，非常不方便。如果卧室在二楼，则更加麻烦。

若是能够在玄关设置一处挂外套、大衣的空间，生活会变得更加舒适、便捷。有客人来访时也非常方便，可以完美解决外套全都堆在客厅里的困扰。如果玄关没有足够的空间，也可以将挂置外套的衣柜设置在从玄关到客厅的动线中途。

1. 鞋柜的一角用来挂置外套、收纳拖鞋。对于有孩子的家庭而言非常实用。（吉永府）
2. 由于鞋柜内没有足够的空间，所以利用走廊的墙壁做一个挂外套的衣柜。（冈田府）

1. 住宅的入口设置了斜坡和扶手，方便轮椅出入。同时利用格栅式隔断避免从外面的马路直接看到玄关门。（小林府/茅崎市）

2. 为了避免玄关门整个暴露在马路上行人的视线中，主人在院门通向玄关门的走道上设置了格栅式隔断和清水混凝土影壁，视线需要转几个弯才会看到室内。（宫内府）

避免从外面的马路直接看到玄关门

打开玄关门取快递的时候，如果外面马路上的人可以透过玄关门看到家中所有的情况，会让居住者感到不安。为了避免这种情形，建议更改连接庭院门和玄关门的走道的布置，或是在庭院中种一些绿植，或是令墙面相互交错，让人辗转进入家中。也可以不把玄关门完全隐藏起来，而是利用格栅式隔断等与外界间接联系在一起，这样的设计更能给人一种好印象。

How To 1

重新审视 小户型的优势

房子不必大 宜居才最好

如今的住宅建造的标准，是必须要具备高气密性和高保温性。所谓高气密性和高保温性，并不是指能够逐一调整单个房间的冷暖温度，而是将整栋住宅都用保温材料包裹起来，阻止家中的冷暖空气跑到室外，以较少的能源消耗维持住宅整体的舒适性。随着核心家庭的增多，一个家庭已经不再需要很多个卧室。不追求面积大，转而选择小型、宜居住宅的住户正在逐渐增加。

因此，越来越多的客户会要求设计师提供一些小型的、动线较短的住宅设计方案，即便他们的用地面积很大。很多老年人在翻修现有住宅时，也会向设计师提议：虽然自己的房子是两层楼的独栋住宅，但还是希望能够在一楼完成所有的日常活动，不必到二楼去。由于无须上下楼，老年人生活起来也会更加安心。而如果是三层楼的独栋住宅，由于涉及两部楼梯，无论怎么设计，家务动线、早晨打扮出门的动线都会很长，显然很难解决这一问题。

不设走廊令房间更加宽敞

如果用地面积有限，一个有效的设计方案是不要设置走廊，这样就能确保各个房间所必需的空间。长久以来，设计住宅时一般都会利用走廊来连接各个房间，但是现在有了另一种解决方案，即将客厅设置在正中央位置，利用客厅连接各个房间，如此可以令室内空间更加宽敞。此外，将楼梯设置在客厅内，不再另设楼梯间，也可以达到相同的效果。取消走廊和楼梯间，不仅可以扩大室内面积，还能缩短日常动线，令生活更有效率。在忙自己事情的同时还可以感应到家中其他家人的情况，增进情感交流。而这样的无走廊、无楼梯间方案，只有高气密性、高保温性的住宅才能实现。

Case 1 在客厅中设置楼梯不浪费丝毫空间

以前的住宅布局，人想要从一楼移动到二楼，一般来说，首先要离开房间来到走廊，之后再穿过走廊上楼梯。但是，如果撤掉走廊，直接将楼梯设置在客厅中，就可以省下建走廊的面积。这种情况下，楼梯就变成了住宅内的天井。由于一楼空气温度升高后暖空气会飘升至二楼，所以暖气要设在一楼，冬季持续供暖，二楼也会非常暖和，节能且高效。相反，夏季时要开启二楼的空调，使冷空气可以下沉至一楼，整栋住宅都会非常凉爽。

冈本府

Case 2 铺有木地板的室外阳台让房间看起来更开阔

当客厅、餐厅面积较小时，可以将室外的阳台当作“第二客厅”使用，使室内在视觉上显得更加宽敞。在客厅的落地窗外，修建一个外阳台。只需让阳台木地板的高度与室内地板高度一致，就可以使房间产生一种延续感。窗外再立一堵高墙，会给人一种外阳台也是被院墙包围着的房间的一部分的感觉，拓宽了客厅的视觉面积。

芦田府

Chapter

3

合适的“生活尺寸”令居住方便又舒心

想要住得方便又舒心，房屋的高度、宽度、进深以及各处与墙壁、门的距离等尺寸都是有讲究的。住宅的各种尺寸要和居住者以及居住者拥有的各种物品相匹配，这一点非常重要。

恰当的大小与距离令生活更舒适

房间并非越大越好

很多人都认为，住宅自然是宽敞一些更好。但只是一味地追求大，也并不能实现“宜居”。而且，如果在家中无须不必要的走动就可以完成手头的工作，这样做起家务来自然会更加顺畅。就像有些住宅虽然空间狭窄，但只要利用得当，一样可以生活舒适，收纳大量的物品。如果再在设计上花些心思，还可以使室内空间看上去比实际上更加宽敞。住宅并非越大越好，重点在于空间大小要适合居住者的生活方式。

西野府

恰当的尺寸
令使用者感觉更舒适

例如，居住者在挑选餐桌、椅子、沙发等家具时，常常会以设计为优先，而忽略掉家具尺寸与自己是否相配。但是，我们每天都会用到这些家具，如果长期使用和自己的身体不相配的家具，会给身体造成负担。

厨房的高度也是同样的道理，一个尺寸与常用者身高相匹配的厨房，能够减少身体的负担，提高工作效率。希望大家在进行住宅设计时不要只注重美观，也要注重身体上的舒适性。

新井府

活动方便的住宅
不会积攒压力

洗脸区无法两个人同时使用；平时常常用到的物品放在收纳柜中，必须要踮起脚尖才能拿到……类似这样的问题使得居住者在家中的活动充满不便，而长期住在这种活动不便的住宅中，会积攒压力。如果住宅的尺寸适宜，居住者每日的日常活动便会非常轻松，家务也可以迅速完成。家人在日常生活中保持恰到好处的距离感，还能令家庭关系更加和睦。

收纳柜的尺寸 Size of Storage

餐边柜

贴着餐厅的墙壁、窗边放置的矮柜，柜面要略高于餐桌。人坐在餐椅上，视线要正好能够平视矮柜上的装饰摆件。

放置在餐厅与厨房之间的矮柜（或吧台），要比厨房的料理台略高，能够隐藏人在料理台操作时的手部动作。为了消除压迫感，矮柜不能做得过高，这一点非常重要。如果想要增加收纳空间，可以再搭配安装吊柜。吊柜、矮柜内各层的高度要贴合收纳物品的尺寸（参考下一页的尺寸）设计，不要做得过高而浪费空间，这样便可以收纳大量物品。

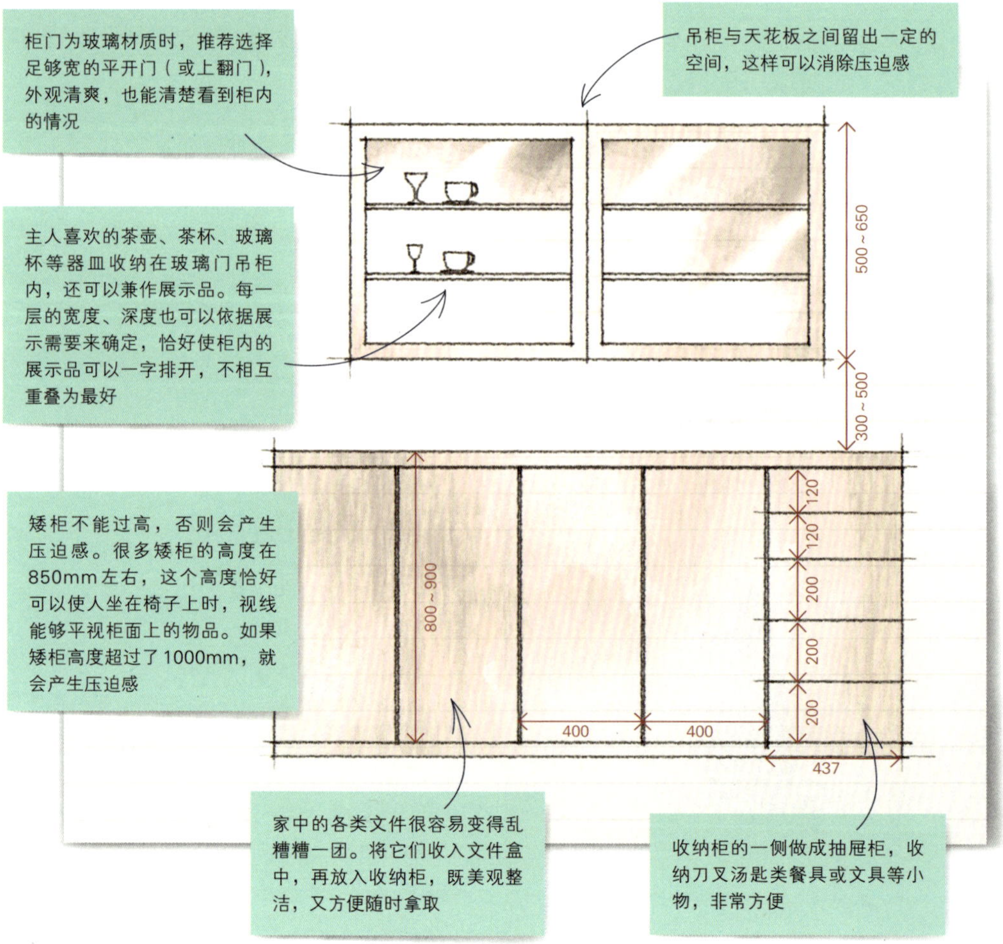

●餐厅收纳的几种主要物品

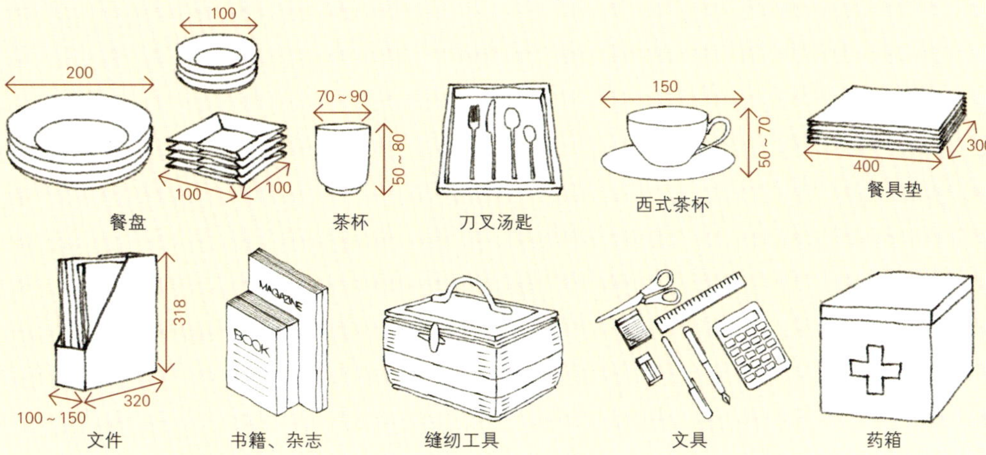

矮柜在宽度上占满了餐厅的一面墙。由于矮柜上方的吊柜兼具装饰性功能，所以在宽度上略小于矮柜，柜门选用玻璃材质。吊柜内摆放着主人想要展示的餐具。（远藤府）

如果不想让别人看到吊柜内的物品，可以安装平开门（或百叶门）。这种情况下，吊柜的宽度要和下方的矮柜一致，占满一整面墙。（中野府）

此吊柜安装了组合式柜门，即一部分玻璃门，一部分平开门。矮柜同时也是孩子学习时的书桌。（柏木府）

塔柜

由地板高至天花板，且进深较浅的收纳柜，被称为“塔柜”。塔柜常常摆放在走廊、洗脸区等处，进深有330mm就足够了。塔柜通常通过安装大量隔板来实现大容量收纳。隔板要能够依据收纳物的高度自由调节位置，提高收纳密度。相较于修建储藏室，塔柜使用起来更加方便，更能够有效地利用空间。

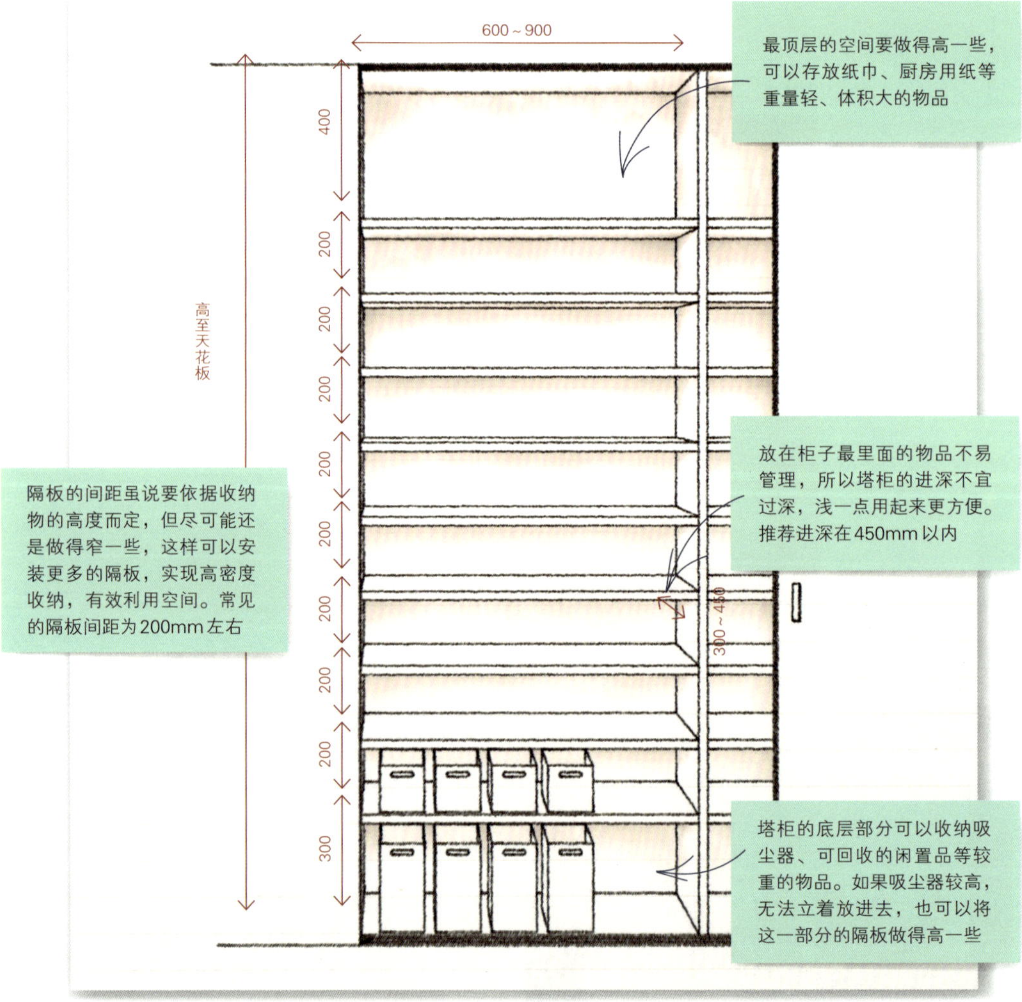

●几种主要的日用品

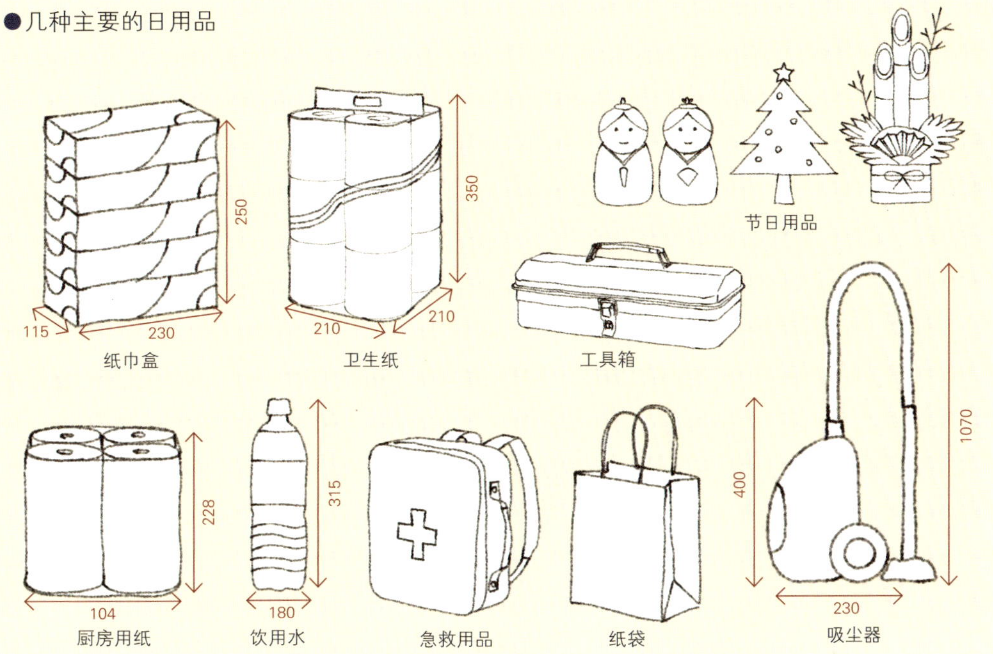

1. 将柜门全部打开之后，柜中所有物品一目了然。如果家中空间充足，可以为塔柜安装合页门。(小林府/小金井市)

2. 如果塔柜很宽，或是放置在走廊等空间有限的场所，则适合安装推拉门。(津贺府)

衣柜

衣柜有壁柜和步入式衣柜两种类型。步入式衣柜除了收纳空间外，还要有供人进入后走动的空间，所以安装步入式衣柜的住宅必须足够宽敞。挂置衣服的衣杆部分的进深，过道的宽度，都要以人的肩宽为标准设计。衣杆设计为上下两层时，虽然能够挂置大量的衣物，但是悬挂衣物的长度会受到限制，所以为了方便悬挂连衣裙、外套等长款衣物，建议一部分空间只安装一层衣杆。

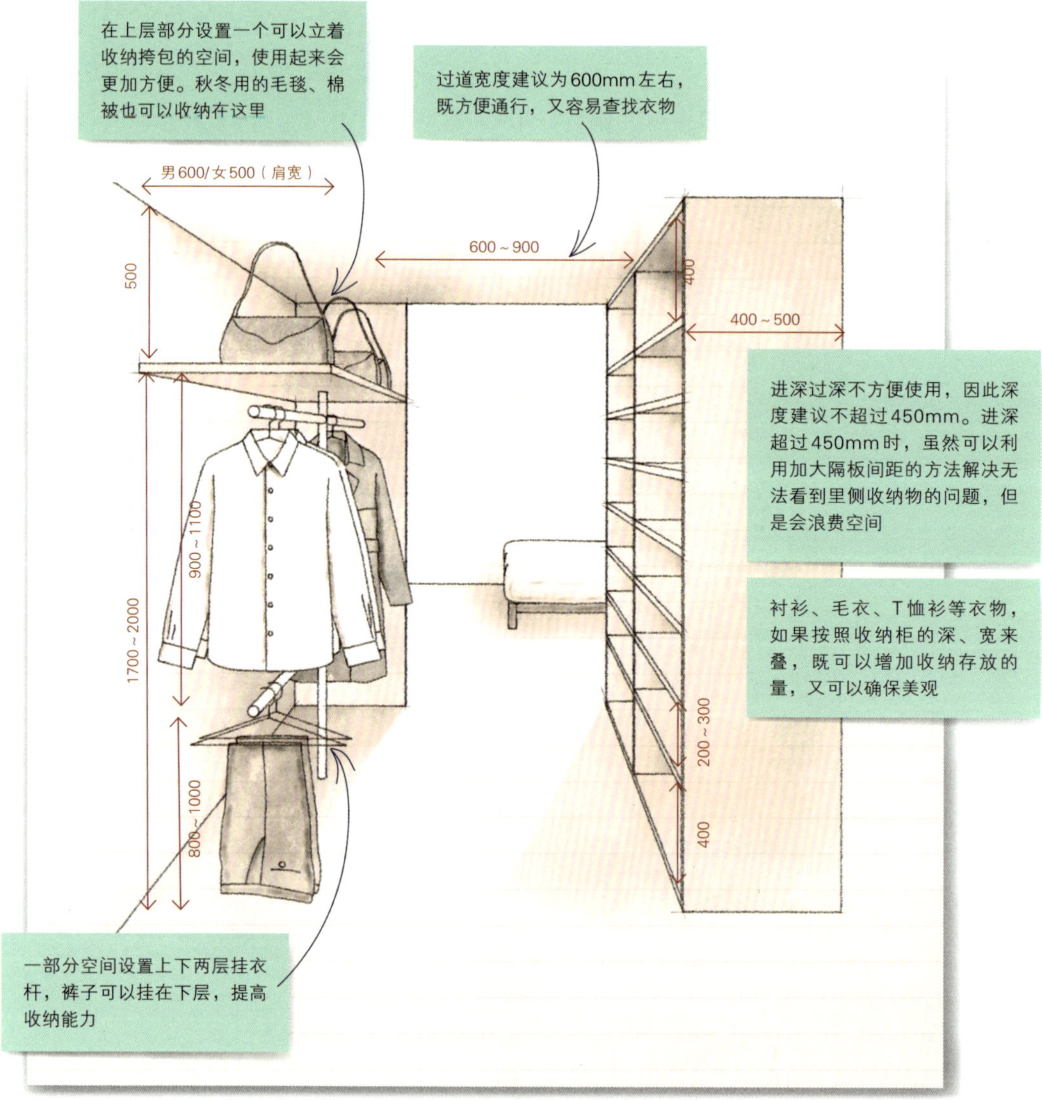

●衣柜收纳的几种主要衣物

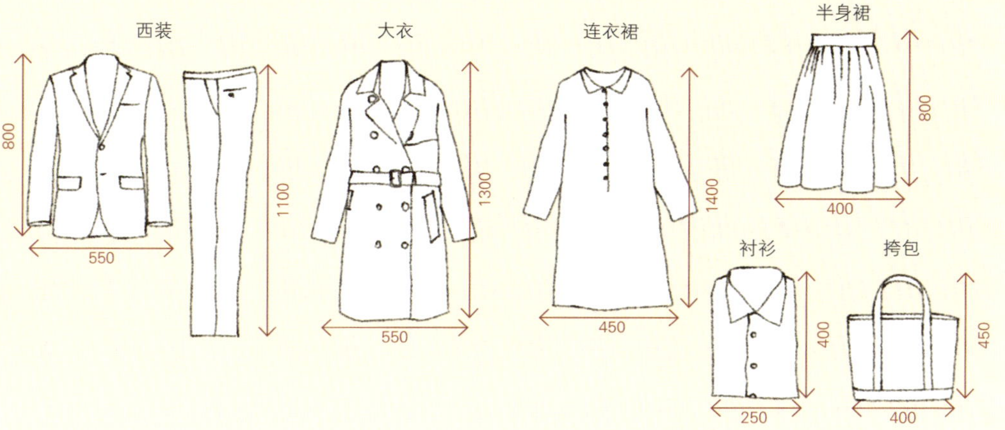

1. 贯穿式衣柜，人可以通过衣柜的过道从卧室走到卫生间。缩短了洗脸化妆的动线，非常方便。(上山府)
2. 设置在卧室内的壁柜式衣柜。柜内无须设置过道。(粟津府)
3. 设置在卧室内的步入式衣柜。双层挂衣杆的设置增加了衣柜的收纳能力。(原府)

电视柜

电视柜的高度要满足人坐下后视线刚好可以平视电视这一条件。电视柜的宽度要远大于电视的宽度，这样看上去会更加美观。横向延长的直线越长，空间整体就会显得越清爽、宽敞。现在的DVD机越来越小巧，电视柜的进深浅一些也完全没有问题，如果电视柜是和墙壁连在一起的类型，就可以将进深做得更浅一些。如果在这里也想摆放一些装饰品，建议不要在电视柜柜面上，而是在电视柜上方安装一个同样宽度的装饰架。

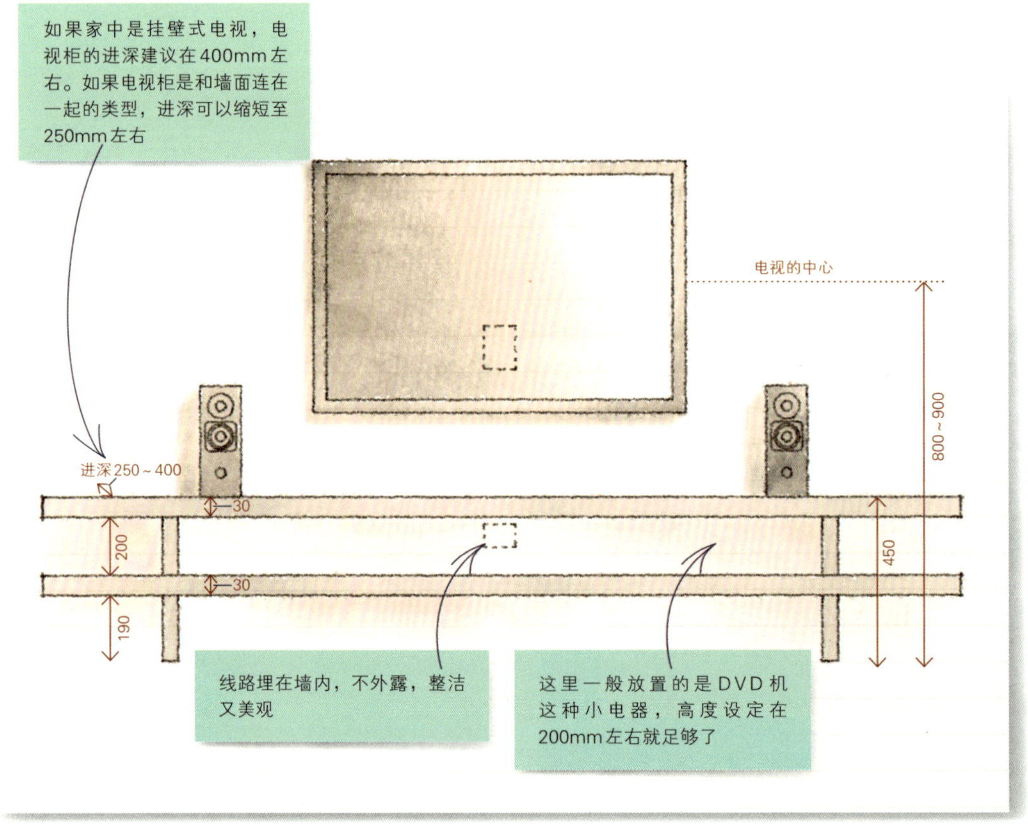

● 电视柜收纳的几种主要物品

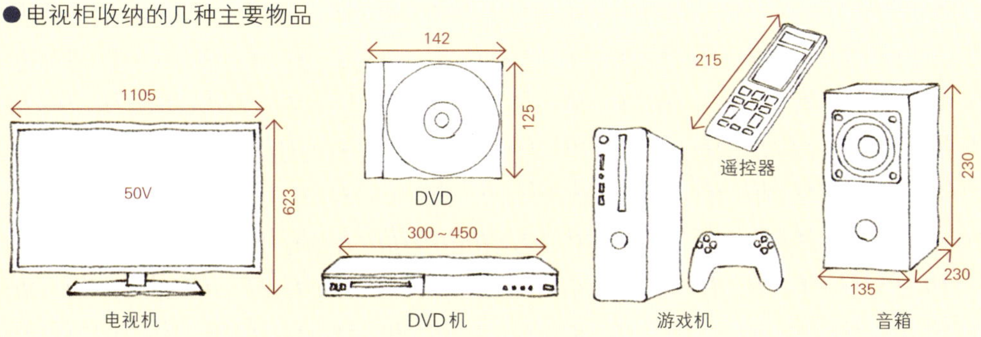

开放式电视柜

如果家中的电视柜除了摆放电视外，最多只会再放置一个DVD机，这时候就可以选择开放式设计。这个电视柜是定制家具，是室内装修的一部分，材质与其他的家具都是配套的。（南府）

储物柜式电视柜

如果希望在电视柜中收纳影音设备、DVD机等大量物品，建议选择储物柜式电视柜。（宫内府）

入墙式电视柜

如果电视柜选择和墙壁连在一起的类型，可以将储物柜嵌在墙壁里面，看上去更加简洁、清爽。（粟津府）

厨房的尺寸

Size of Kitchen

料理台、过道的宽度

走廊式厨房一侧为料理台、一侧为橱柜，使用起来非常方便。这样的厨房就像是飞机的驾驶舱，人在其中只需伸手或转身，就可以拿到所需的物品，减少了干家务时需走动的步数。料理台与橱柜之间过道的宽度，能够供二人错身而过就足够了。但如果夫妻二人常常同时在厨房干活，就需要将过道设计得略宽一些。料理台的高度要依据使用者的身高进行调整。

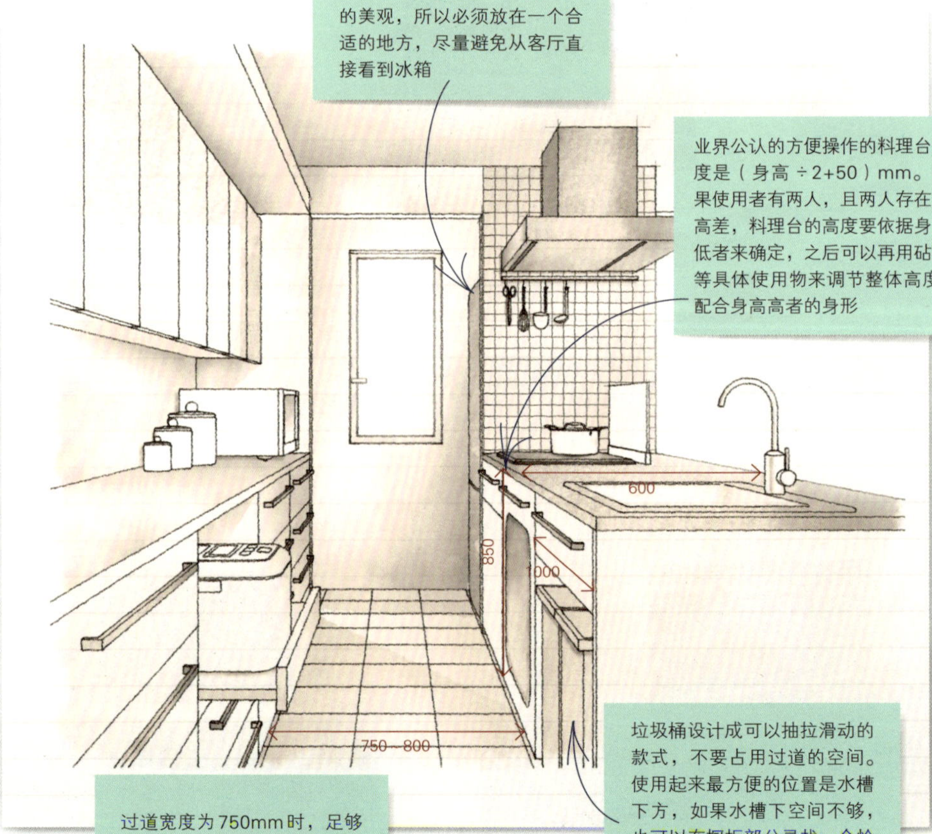

●厨房中收纳的几种主要物品

1. 料理台过高时，人会不容易看到锅中的情况。与使用者身高相匹配的料理台可以减轻身体的负担。（芦田府）
2. 宽750mm的过道实例。人站在料理台前只需一转身就可以碰到餐具柜。（冈本府）

3. 前开式洗碗机可以摆放2～3层餐具，所以可以一次性清洗2～3餐用过的餐具。（平山府）
4. 如果家中成员较少，只有夫妇二人，或是每餐之后都要清洗餐具，可以选择抽屉式洗碗机。（塚原府）

橱柜

成品橱柜的进深大多为450mm～500mm左右，但是考虑到平时做好的饭菜会先摆在橱柜上，两个人在厨房做饭时也会在这里备餐，橱柜旁还会摆放冰箱，且冰箱的正面要和橱柜正面在同一平面等因素，建议将橱柜的进深做得深一些。橱柜下方的收纳部分可以做成抽屉式，即便进深很深，也可以轻松看到最里面收纳的物品，存取方便，且收纳量也比进深浅的橱柜多不少。吊柜适宜收纳玻璃杯。吊柜设计的重点在于不要过深，也不要过高。

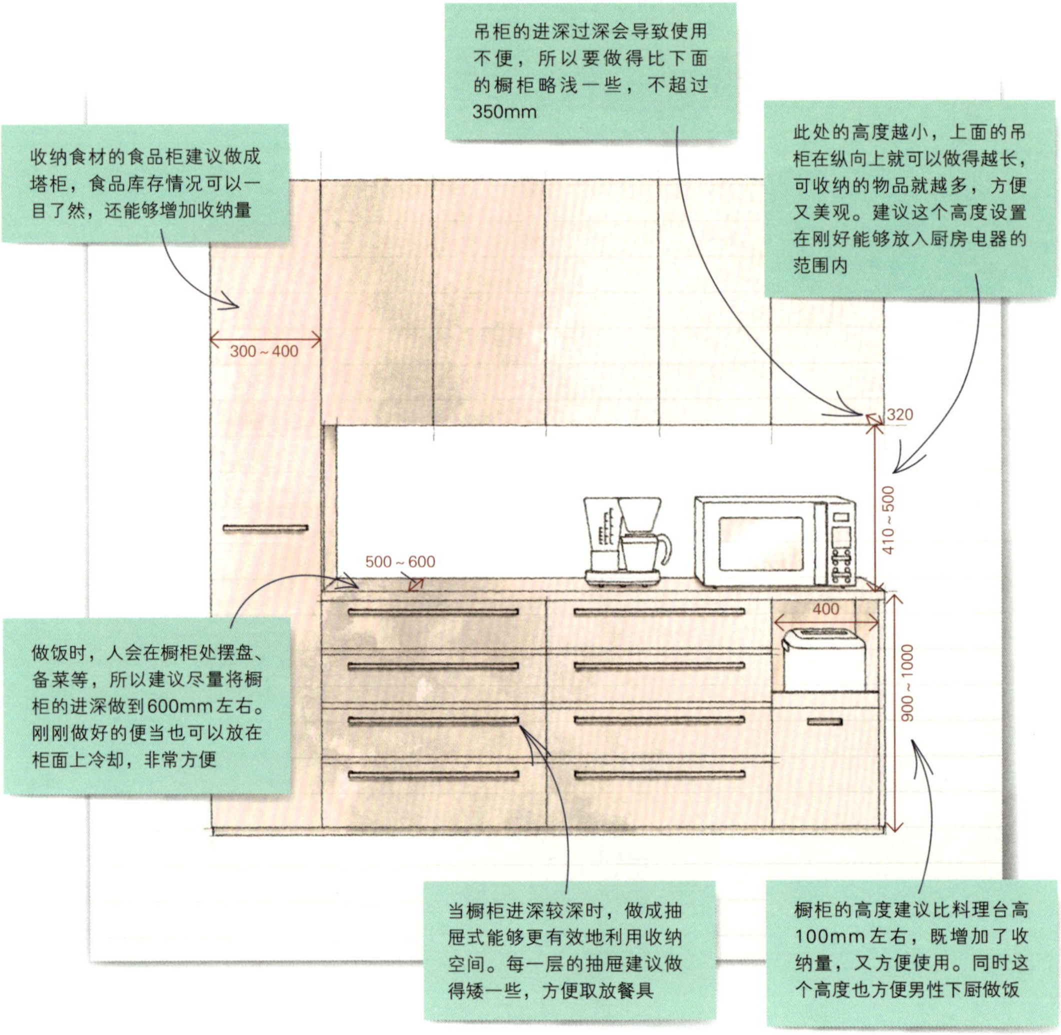

●橱柜区收纳的几种主要物品

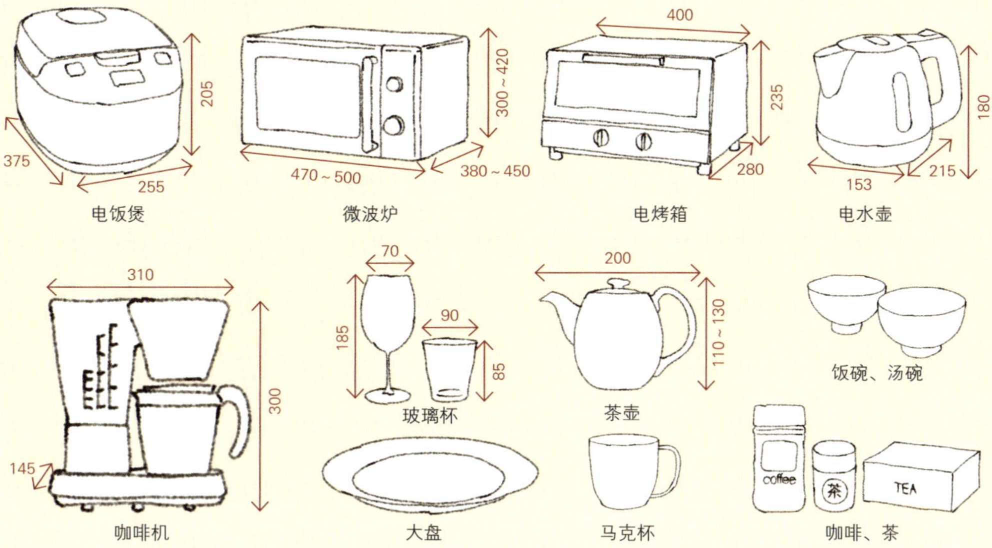

吊柜与橱柜

厨房家电收纳架

1. 橱柜与吊柜之间空间的高度，要依据厨房家电的高度来确定。最靠近厨房出口处的是冰箱，向内依次是橱柜、高高的食品柜，这三者的进深都是一致的。（青木府/练马区）

2. 电饭煲等厨房家电放在可推拉的隔板上，使用时将隔板拉出，用完后再推回去，非常方便。建议根据家中的厨房家电情况设置隔板。（平山府）

食品柜

存放食材的食品柜应该摆放在距离烹饪区不远的位置，稍走几步就能拿取所需食材。如果条件允许，建议将食品柜设计在橱柜的一端，高度从地面直到天花板，增加厨房的功能性。柜中隔板的间距尽可能做得小一些，既便于分类，又能提高收纳密度，实现大容量收纳。柜内最顶层和最底层的空间做得适当高一些，方便放置体积较大的物品。使用者水平视线以下的部分可以安装抽屉式的收纳筐，使用方便，还能有效利用到柜中深处的空间。隔板与柜门之间可以留出一些空间，将围裙、隔热手套挂在柜门内侧，非常便利。

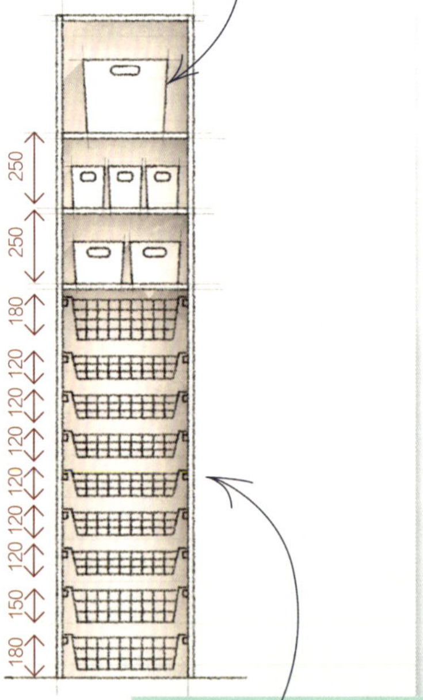

食品柜是橱柜的组成部分，从地面高至天花板，使用起来非常方便。柜门内侧安装有挂钩，可以收纳一些小物。（平山府）

1. 越来越多的人希望在家中建一个步入式食品柜。（原府）
2. 此住宅的厨房内没有可以摆放高食品柜的空间，于是将橱柜的一部分用来存放食物。（柏木府）

垃圾桶

有些人希望自己的厨房看起来干净、漂亮，但不知道应该将垃圾桶放在何处才能不影响美观。垃圾桶的理想摆放地点是水槽下方。如果水槽下方是开放性空间，就可以直接摆放自己喜欢的垃圾桶。如果水槽下方是非开放性空间，可以专门设计一个抽屉式的收纳柜放置垃圾桶，除烹饪时间外都将抽屉关起来，从外观看起来根本不知道里面是垃圾桶。若是水槽下方没有空间，也可以将垃圾桶设置在附近的橱柜中。如果是直接将垃圾桶放在外面（外放式），建议选择设计风格、颜色贴合厨房整体装潢的垃圾桶，几个款式、大小相同的垃圾桶并排摆放，整齐又漂亮。如果是将垃圾桶放在水槽下的抽屉柜内，请注意要在柜内留出开合垃圾桶盖的空间。

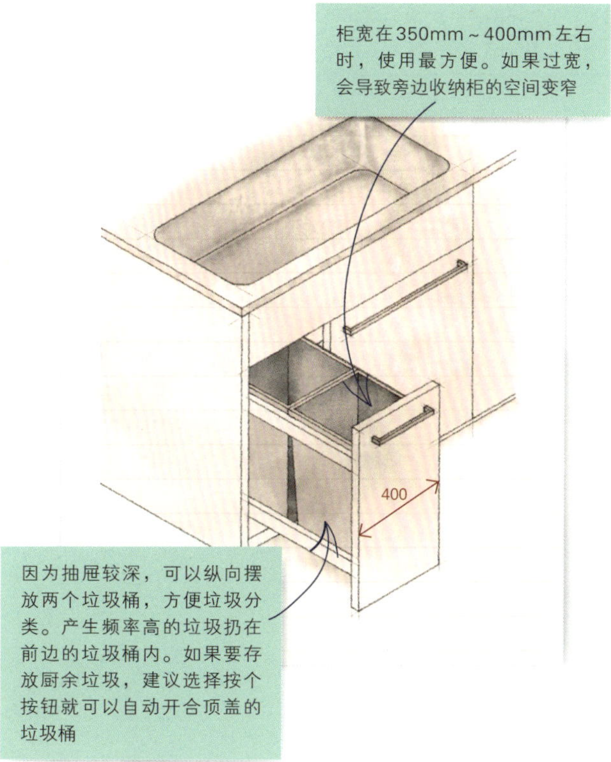

很多居住者在决定将垃圾桶放置在水槽下后，都会选择做成抽屉式垃圾桶柜。但这会占用一部分收纳柜的空间。（平山府）

家中垃圾较多时，建议将橱柜下方的部分空间做成开放式，专门用来摆放垃圾桶。这个空间的大小可以依据主人家的垃圾桶的尺寸来确定。（冈田府）

卧室的尺寸 Size of Bedroom

卧室就是供人睡觉的地方，所以没有必要建得过大，能放下必要的家具即可。为了营造一个安心、安全的空间，家具数量要做到极简。可以摆放一些矮柜等固定在墙面上的家具。虽然床边有一个床头柜放置小物确实会非常方便，但我会建议大家利用窗台、窄窄的床头置物板来代替床头柜，放置床头台灯。也可以利用墙壁做一个壁龛式的置物空间。

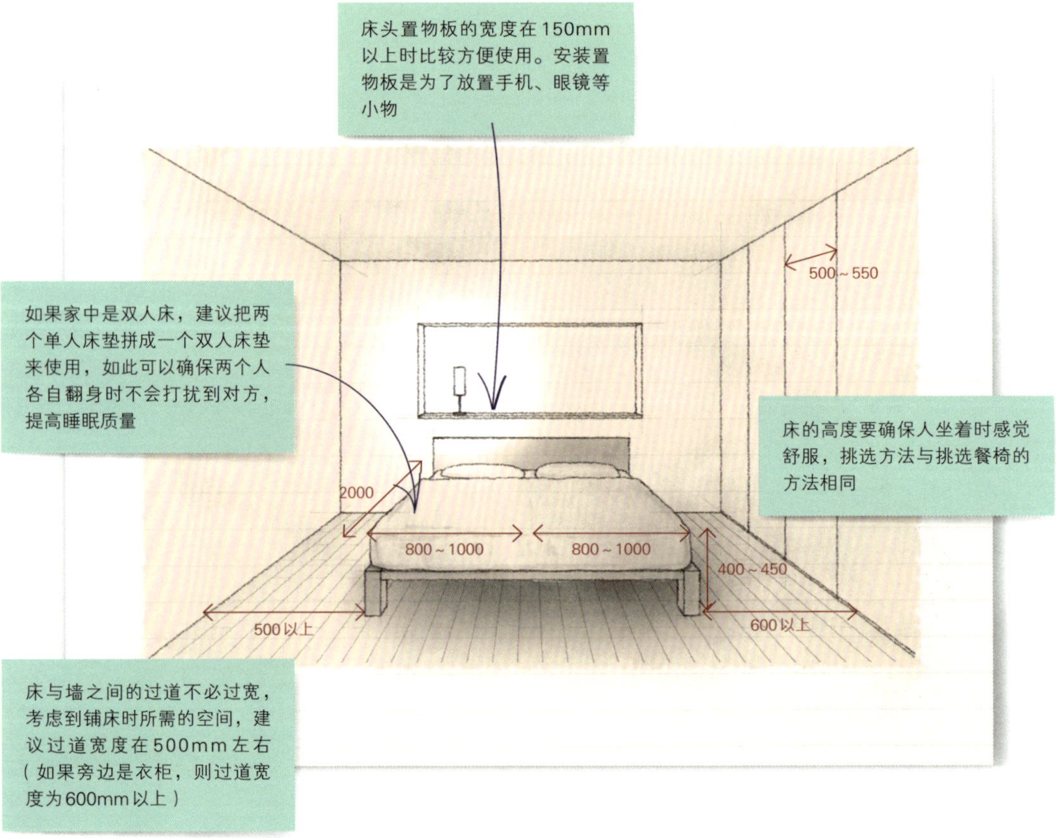

墙面凹进去400mm，做了一个壁龛式置物柜。可以放置台灯和书等小物，非常方便。（冈本府）

1. 如果想在卧室内放置收纳柜，建议选择较低一些的矮柜，不会产生压迫感。有些家庭会将矮柜的一部分做成书桌，在卧室里打造一个书房。（青木府/练马区）
2. 床头开一扇窗，窗台上可以放置小物，非常方便。强烈推荐卧室空间较小的家庭选择此方案。（山田府）

洗脸区的尺寸

Size of Washroom

很多家庭的洗脸区都有收纳空间不足的问题。洗脸区除毛巾、洗衣液的备用品外，如果还能收纳睡衣、内衣等衣物，将会有效缩短每日的生活动线。收纳柜可以设置在洗面台对面，或者和洗面台构成一个直角。

我们每天会在洗脸区进行非常多的活动，所以洗面台很容易变得非常杂乱。如果洗脸区有足够的收纳空间，洗面台上就可以不放任何物品，一直维持清爽、整洁的状态。洗面台的面积大一些（合理程度内），使用起来会更加方便。洗脸镜如果也相应做得大一些，就可以两个人并排而立同时使用。

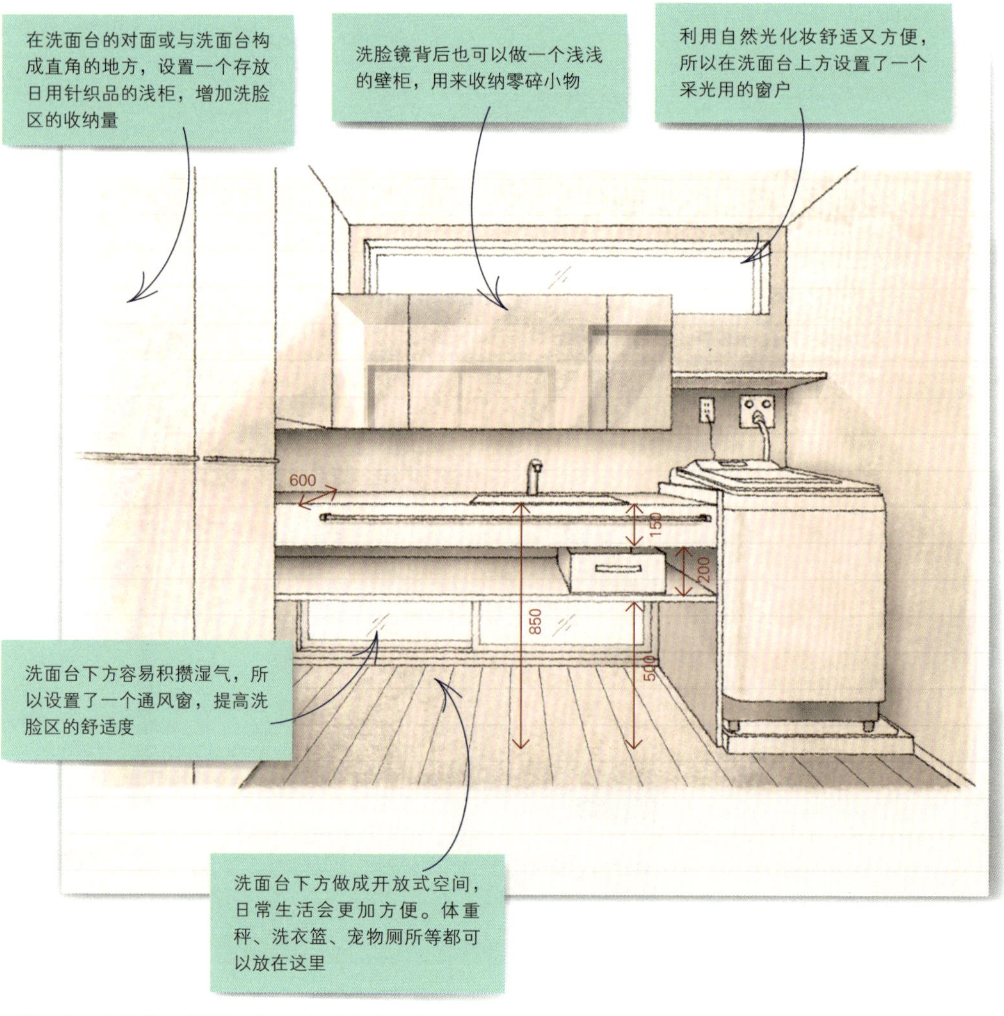

●洗脸区收纳的几种主要物品

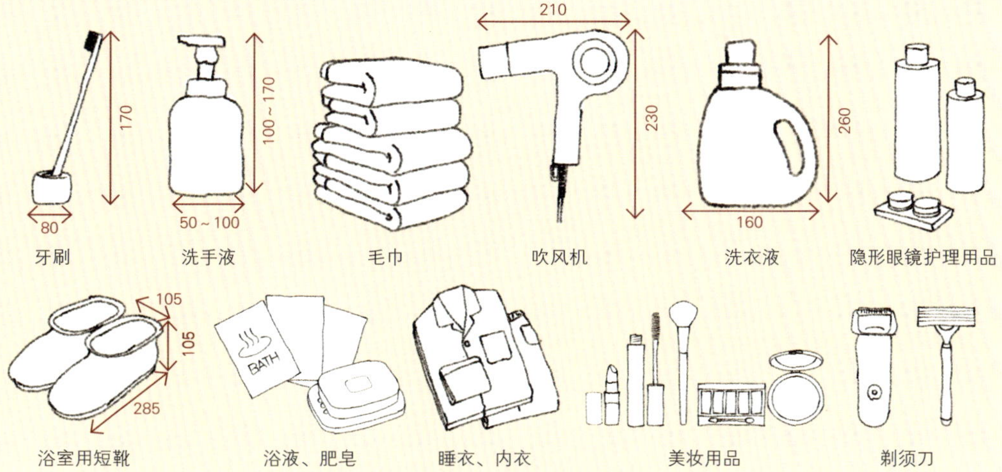

贴着墙壁安装了一个大容量的收纳柜，洗脸镜背后也做了一个收纳零碎小物的壁柜。洗衣机上方安装了置物架，提升了洗脸区的收纳能力。（小林府/小金井市）

方便使用的洗脸区

1．如果洗脸区空间较小，可以安装一套组合柜，上半部分是吊柜，下半部分是矮柜，使用起来也非常方便。（宫内府）

2．家具店购买的成品洗面台旁边增加了一个置物板，扩大了使用面积。置物板下方为开放性空间，可以放一个椅子，方便坐着化妆。（新井府）

吊柜

1

使用成品洗面台

2

厕所的尺寸

Size of Toilet

（在分离式的）厕所内设置一个洗手区会方便很多，来访的客人也可以在这里补妆。洗手池的下面可以做成收纳柜，放置备用卫生纸、清扫工具等，非常便利。洗手池前必须要空出一定的空间，确保不影响马桶的正常使用。如果是狭长形的厕所，也可以将洗手台下方做成开放式空间，安装壁挂式卷纸盒，或是放置清扫用品等。这种情况下，建议安装吊柜，解决收纳空间不足的问题。

【较方正的厕所】

厕所宽度和进深相差不大时，马桶和洗手台之间要保留一定空间，可容纳一人站立

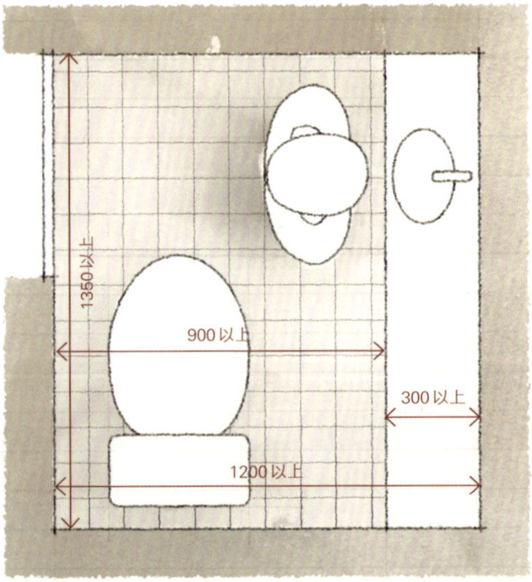

为了设置洗手池，洗手台的宽度必须在170mm以上。洗手台较窄时，可以选择长方形的洗手池

【狭长形厕所】

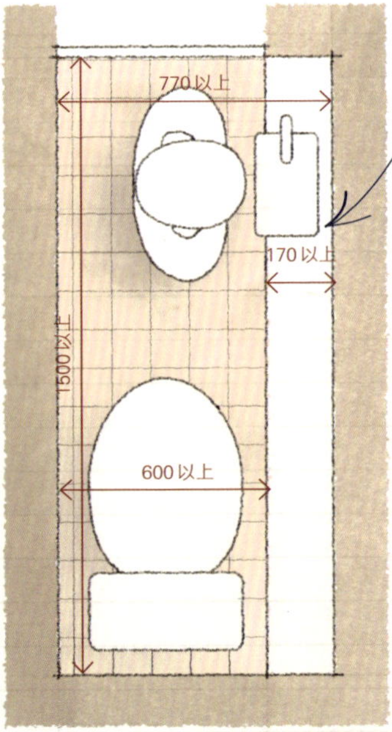

厕所又窄又深时，马桶和洗手台之间的空间可以窄一些。洗手台下方安装壁挂式卷纸盒，使用起来更加方便

●厕所收纳的几种主要物品

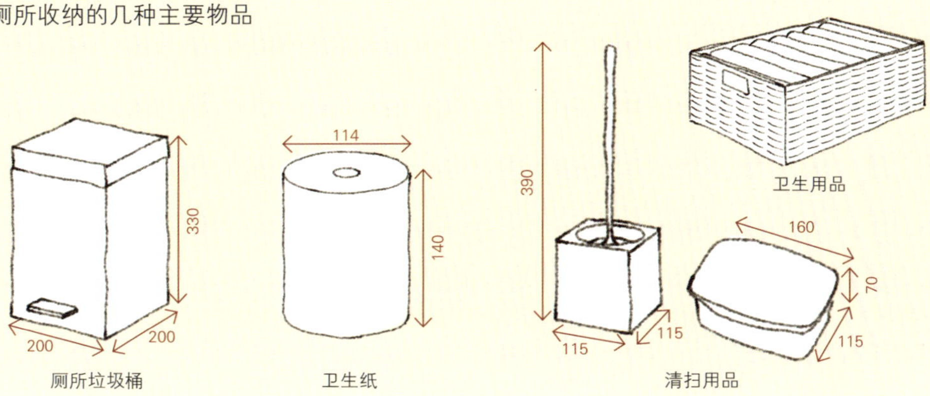

较方正的厕所

狭长形厕所

1. 近似正方形的厕所。即便只是一个小小的收纳柜，也会带来极大的便利。（宫内府）

2. 由于洗手台较窄，所以选用了长方形的洗手池。洗手台下方是开放性空间，因此在马桶上方安装了吊柜。（冈田府）

玄关的尺寸 *Size of Entrance*

玄关除了放鞋子之外，还应该有一个可以收纳外出用的零碎小物、大衣外套的空间。如此一来，日常生活会更加舒适、便捷。因为玄关处空间有限，建议做一个从地面高至天花板的壁柜，柜内的隔板做成可移动式，每一层的高度可以依据鞋子的高度变动，避免浪费空间。由于房间布局的原因，玄关常常会比较昏暗，如果没办法在墙上开窗，也可以在鞋柜上方做一个采光窗。

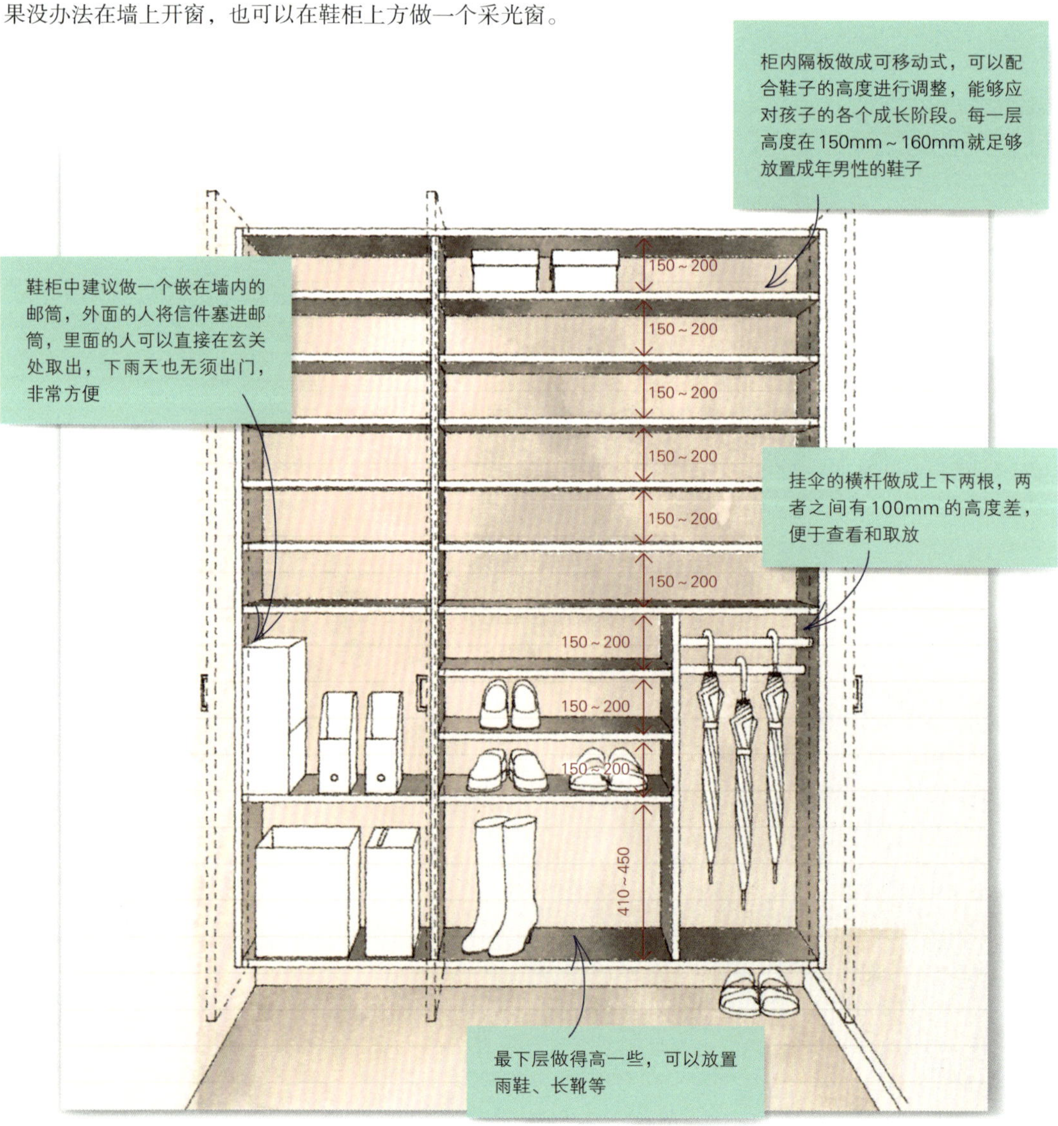

● 玄关处收纳的几种主要物品

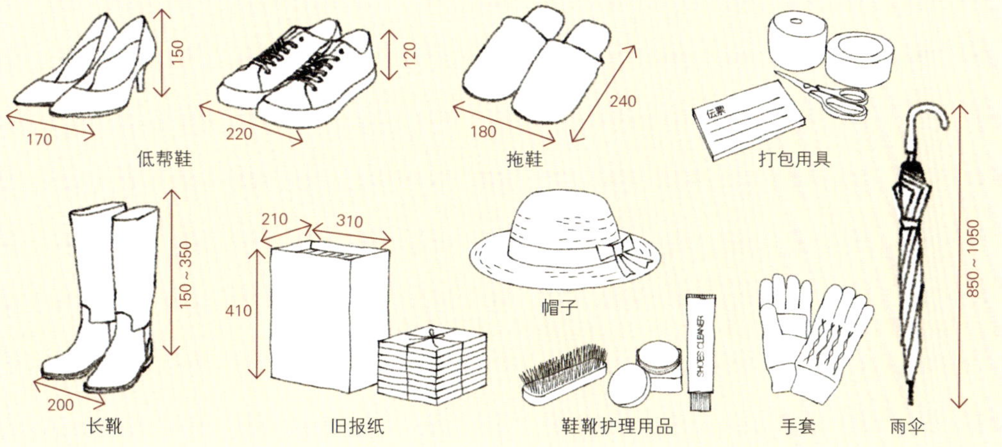

1. 右侧设计了一个挂置外套的空间。柜顶和天花板之间开了一扇窗，方便采光。（小林府/茅崎市）

2. 如果家中鞋子数量较少，鞋柜可以做成矮柜，空间会显得更宽敞。（青木府/练马区）

收纳柜柜门内也要充分利用，可以安装几根横杆挂拖鞋。这种情况，柜门和隔板之间要留有一定的空间。（南府）

家具的尺寸

Size of furniture

人一天中有很长的时间是在餐厅度过的，所以餐桌与餐椅的尺寸非常重要。特别是餐椅，它的尺寸会影响到使用者的健康，必须要予以重视。适合亚洲人身高的椅面高度为400mm～450mm。如果坐在椅子上只有脚尖能碰到地面，人会非常容易疲劳，建议选择坐在上面时脚跟能稳稳放在地面上的高度。我们买沙发时，常常会挑选一些比较大的款式，如果沙发座深太深，人坐在上面双脚着地时就靠不到沙发背，靠到了靠背又无法双脚着地，这时候就要用靠垫来进行调整。建议老年人和腰不太好的人选择硬一些的沙发。

餐桌椅组合

桌面与椅面的高度差建议在300mm左右

建议选择弧形椅背的餐椅，椅背弧度贴合人体背部的弧度

餐桌宽一些使用起来更方便。双人餐桌建议宽900mm以上，四人餐桌宽1500mm～1600mm，六人餐桌宽2000mm

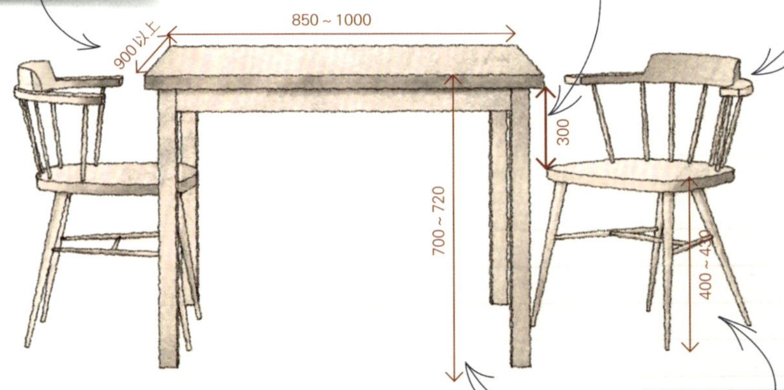

体型娇小的人和老年人使用的餐桌椅，建议要比这个尺寸再低30mm～50mm，坐起来不易感到疲劳

如果居住者除了用餐之外，还会在餐桌读报纸、写东西，每天在这里度过很长的时间，尤其要选择一套舒适的餐桌椅，椅子要坐起来舒服，桌面和椅面的高差要适当。

沙发

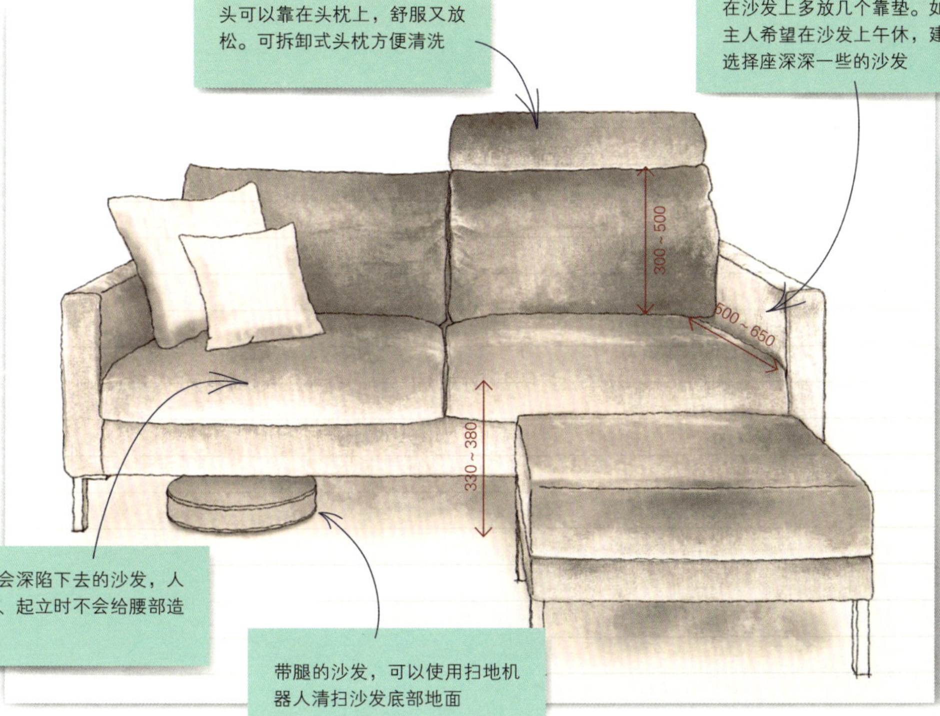

带腿的沙发，可以使用插入式的边几。（小竹府）

如果想在沙发上躺着休息，在空间大小允许的情况下，建议选择带贵妃椅的沙发。（粟津府）

How To

2

冬暖夏凉型住宅守护家人的生活

防寒以外
防暑更重要

无论是新建住宅还是老房翻新，“防寒对策”都是设计方案中的重点内容。地暖现在普及程度已非常高，但近几年来，客户在要求“防寒对策”的同时，也开始要求“防暑对策”。现在的住宅除了要“冬暖”，还必须“夏凉”，且“夏凉”不能只依靠空调来实现。要实现这种节能型“夏凉”，一般的做法是提高墙壁的隔热性能、安装双层窗等。除此之外，在墙面上做一层硅藻泥涂层也非常有效。由于硅藻泥能够调节空气湿度，所以即使室内温度较高，人的体感温度也会降低，感到非常凉爽。还可以利用窗檐调整光照角度，避免强烈的日光直接晒到屋内的地面，这样也可以极为有效地实现“夏凉”的效果。

不过分追求朝南的住宅
才是宜居的住宅

长久以来，大家都认为朝南的房间住起来更舒服。但现在这个认识正在一点点改变。窗户朝南时，强烈的阳光会直接晒到屋内，再加上光照角度时刻都在变化，居住者必须不停地调整窗帘、遮光帘的位置。而窗户朝东或朝北时，房间整个白天都光线均匀。最近，有越来越多的客户选择将家中客厅的大型窗户设计成朝东或朝北的样式。如果住宅气密性、保温性良好，冬季时无须依靠大量光照来保持室内温度，也就没必要追求窗户一定要朝南。努力使家人在炎热的夏季免受酷暑侵扰同样重要。

Case 1 巧用窗檐调整室内光照 迎冬阳，遮夏日

家中如果有朝南的大窗，可以利用窗檐调整室内的日照，实现冬暖夏凉。右侧照片中的住宅，一楼和二楼的窗户都设计了较深的窗檐。由于夏季时太阳高度高，阳光是从窗檐上方射下来的，所以窗檐可以严严实实地遮住夏季强烈的阳光。而冬季时太阳高度低，温暖的阳光可以从窗檐下方直射入房间深处。

我们可以通过控制日照，实现不过分依赖空调的环保生活。

小林府/茅崎市

窗户朝南的住宅。一楼和二楼的窗户都设计了深窗檐。

Case 2 调整室温 关键是窗户的设计

设计住宅时，无论是要防暑还是要防寒，最关键的一点都是窗户的设计。要尽可能地降低传热系数。

双层窗是指在现有的窗框内侧再安装一个窗框，做成双层结构。北海道等地的住宅较多安装双层窗。双层中空玻璃（或多层）是指两块玻璃中间有一个空气层。有些住宅由于建筑结构问题，无法安装双层窗，这时就可以安装双层中空玻璃。最近还出现了双层中空玻璃的加强版——三层中空玻璃窗。要根据家中住宅的实际情况选择合适的窗户类型。

西野府

平山府

双框窗能够提高住宅的气密性和保温性。

Grayson

Chapter

4

小小巧思令生活更加丰富多彩

设计住宅时，布局虽然非常重要，但若想要生活得更加丰富、多彩，还需要在许多方面花费心思。这些看似不经意的小巧思，能令住宅更接近居住者心中理想的家。

细节巧思
营造多彩生活

让居家生活变得更舒心

想要打造一个令主人身心放松、令客人流连忘返的舒适之家，仅仅在布局上花功夫是不够的，还要考虑到诸多细节问题。例如，为了保护隐私，避免外人看到屋内的情况，要在窗户的设计上多花心思；各个房间的照明要符合相应的生活场景；门窗、隔断、收纳柜要与周围环境融为一体，不显突兀……只有在室内装潢、家具电器等诸多的细微之处花费心思，考虑得周到细致，才能令整个家都舒适、宜居。

不要忽略细微之处

小竹府

我们在室内装修时，很容易将重点全部放在家具、厨房用具的挑选上，而忽视了天花板、门窗隔断等所谓的“配角”。但实际上，这些我们认为的“配角”在住宅舒适度方面，往往起着十分重要的作用。我们既可以使地板、墙壁、家具三者在颜色、材质方面协调统一，也可以反其道行之，利用撞色突出重点。此外还有一点非常重要，就是要想办法将家中机械性的设备隐藏在不显眼的角落。如此一来，那些希望展示给他人看的部分就会更加明显。

向山府

将自然气息带入家中

住宅虽然是一处围合的空间，但也需要确保居住者身在其中能够感受到自然的气息，这一点非常重要。要做到这一点，就必须想办法尽可能地将自然光和自然风引入家中，确保人在家中可以随时看到窗外的绿意。即便只是一方小小的庭院，也能极大地滋润人的心灵。将自然气息带入家中，可以令我们在家中的时光更加丰富、健康。

引进自然风与自然光

Natural Lighting & Ventilation

想要住得舒适，就必须在家中引进自然风与自然光。
时刻变化的光与风，会令生活更加鲜活有生机。
在生活中时时感受到自然的气息，则会令人的心情开朗、身心愉快。

有采光和通风窗的设计令生活更舒适

如果希望家中阳光充沛，建议尽可能在墙壁上方靠近屋顶的部分开几扇窗。如此一来，在白天时段，阳光可以一直晒到房间深处，居住者就能长时间仅依靠自然光照起居活动。客厅和餐厅内可以设计几扇高窗，走廊、楼梯等场所如果没办法做侧窗，可以做天窗。通风窗建议设计在墙壁下方靠近地板的部分，效果更佳。玄关、盥洗室等地可以设计高侧窗采光，在靠近地面的区域修建通风窗，利用自然光与自然风营造舒适空间。

1. 客厅落地窗的上方又开了高侧窗，阳光可以一直照射到深处的厨房。白天时段完全没有必要开灯。（小林府/茅崎市）
2. 客厅天花板附近的天窗采用了经典的玻璃砖式天窗设计，与天花板处的房梁搭配得非常协调。（芦田府）
3. 盥洗室镜子只占了一半墙壁的面积，剩下一半做成了窗户。居住者可以利用自然光洗脸、化妆。（青木府/杉并区）

精心设计窗户
打造自然风的通道

想要拥有舒适生活，采光和换气十分重要。在一楼的北墙或东墙上较低的位置设计一个小窗，可以将室外的凉爽空气引进室内。空气穿过整个房间，一直到南墙，如此一来，整个家中的空气就能流动起来。此外，如果居住者希望将室外的自然风直接引进家中的某个房间，建议在此房间安装外开悬窗。风撞到打开的窗玻璃后，会改变风向转入家中，通风效果更好。

吊扇既可以作为室内装潢的一部分，又可以帮助室外进来的空气循环起来，还可以提高空调的效率。（小川府）

1

2

1. 盥洗室的墙壁靠近天花板处和靠近地面处都设计了小窗。白天时段可以依靠自然光完成各种活动，非常舒适。（佐藤府）
2. 外开悬窗有很好的换气效果。配合风向改变窗玻璃的朝向，能够将风大量引入室内。（参考照片）

没有外窗的房间也可以拥有阳光

一些公寓住宅由于布局原因，有的房间没有外窗。这时候，就可以在这个房间与隔壁有外窗的房间之间设计一个内窗，利用隔壁房间的外窗，将阳光与清风引入这个房间。此外，将与隔壁房间之间的门做成玻璃门，也可以起到同样的效果。灵活运用这个方法，能够提高住宅布局的自由度。需要注意的是，只开一处窗户，风是无法穿堂而过的。风道需要有窗或门等两处风口，这一点非常重要。

1. 在没有外窗的卧室和隔壁房间之间设置了内窗。
2. 卧室隔壁的工作区。阳光可以通过这个房间照进卧室。(均为粟津府)

【内窗布局实例】(粟津府，实景图见上方)

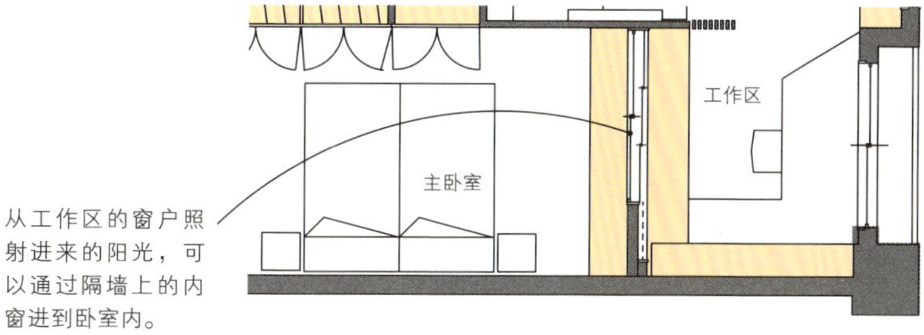

1. 住宅翻新的时候，在厨房与餐厅之间设置了一扇玻璃门。既可以保温，又可以确保采光效果。(沼尻府)
2. 公寓没有办法随意更改房间布局，为了实现主人“想要在浴室看到富士山”的愿望，设计师在浴室与厨房之间设置了一扇内窗。(饭泽府)

恰到好处地遮挡外部视线

To Blind

虽然通风与采光是舒适生活必不可缺的两大要素，但想要营造一个令人感到平静、安宁的空间，又必须在某种程度上隔绝外部的视线或景观。

这就需要我们寻找到一种既能够保持开放感，又可以维护个人隐私的方法。

客厅的窗户正好和隔壁人家的外窗相对，于是在窗户中段安装了遮光卷帘，既可以遮挡外面的视线，又能确保采光效果。（小林府/小金井市）

1

2

1. 榻榻米房间的门洞上缘高度几乎和室外院墙的高度相同。在室内生活时可以不必在意院外路人的视线。（片山府）

2. 玄关与马路相对，院中通向玄关的小路蜿蜒伸展，利用植物和影壁遮挡了外部的视线。（原府）

正确设计窗户
让生活更放松

有些人非常在意来自外部的视线，所以在家中整天都拉着窗帘生活。如果不能享受庭院的景色，白天也开着灯度过的话，是非常遗憾的。窗户并不是越大越好，有些时候我们反而需要小的窗户。如果能在窗户的大小和具体位置上仔细斟酌，就能让生活方便不少。大型的窗户也可以使用功能性的遮光帘做适度遮挡，既不影响采光和欣赏风景，又能起到阻隔窗外视线的作用。

挑高设计的客厅，整个房间光照充足，非常亮堂。窗户分为上下两层，使用的是一整组纵向的落地百叶窗遮光帘。（片山府）

窗帘和遮光帘
要根据用途分别选择

为窗户选择什么样式的窗帘是家居设计时的一大要点。如果能够运用好可以灵活开合的百叶窗遮光帘，调整百叶窗的角度、高度等，不仅可以调节照进室内的光量，还可以遮挡来自外部的视线。横向叶片的百叶窗遮光帘看上去简洁而清爽，会令房间显得更加宽敞，但是相较于普通窗帘，人不能灵活地进出穿行。而纵向叶片的百叶窗遮光帘既可以调节光亮，也方便进出，所以常常用在挑高设计的客厅等地。

1

1. 蕾丝窗纱在白天时段可以保持常闭的状态，不仅看上去美观，还不影响从窗帘的两端开关窗，方便通风。（冈本府）
2. 利用百褶帘遮挡白天的阳光。夜晚关闭百褶帘前的推拉门，可以防止室内的灯光被室外的人看到。无论是百褶帘还是推拉门，在不需要的时候都可以收起来。（上山府）
3. 蕾丝窗帘是左右开合式，前面的布艺窗帘则是上下开合的卷帘。（宫内府）
4. 纵向的百叶窗遮光帘可以通过改变叶片的角度来调节采光。（冈田府）

2

3

4

隐藏功能性的设施 *Hiding the facilities*

家中有些物品虽然外观并不好看，但是却必不可缺。

如果可以将这些物品放在既隐蔽又方便使用的地方，就可以实现“美丽”和“宜居”两者兼得。

1

2

3

1. 翻修公寓时，这台电话机没有办法移走，所以在墙壁上挖了一个壁龛，并安装了柜门，将电话机隐藏起来。（栗津府）
2. 卷帘固定在墙面上而非窗框内，这样可以将卷帘盒隐藏起来。（小林府/小金井市）
3. 用与墙壁相同颜色的遮光帘将走廊上的后门隐藏起来。旁边的洗衣机在不用时，也同样用安装在天花板上的遮光帘遮起来。（青木府/世田谷区）

不使用的时候可以藏起来

想要使家中看起来整洁又美观，仅仅摆放漂亮的装饰品是不够的，更重要的是将不想被别人看到的物品隐藏起来。例如空调、电暖气这种极具存在感的家电，洗衣机上的收纳盒，卷帘的卷帘盒等，都是我们希望尽可能隐藏起来的部分。一个有效的隐藏方法就是灵活运用百叶窗、屏风、格栅式隔断等。隔断的颜色要与家中装潢一致，融入整体环境之中，这一点也非常重要。

4

5

4. 利用百叶窗式格栅将橱柜正中央的空调遮挡起来。格栅与左右两侧的吊柜相连，自然地成为家庭装潢的一部分。（冈田府）

5. 电暖气在客厅矮柜下，外面设置了一层百叶窗式格栅，不会阻挡散热。（南府）

控制家中的灯光

Lighting

家中的照明有时需要亮如白昼，有时又需要温暖、柔和，令人身心放松。控制好家中的照明，能够令生活充满生机，富有韵律。

改变灯光的明暗
掌握生活的节奏

读书时、用餐时、就寝前……不同的生活场景下，人们需要的灯光亮度是不同的。最近市场上出现了许多可以调光的灯具，同一盏灯不仅可以调节亮度，还可以改变光的冷暖。除了直接照明外，还可以在家中安装间接照明，利用墙壁反射，降低灯光亮度的同时也创造出阴影，令整个家更有立体感。如果主人希望将大家的视线集中在美术作品等展示品上，可以专门为这些展示品安装射灯。

天花板没有安装嵌顶灯，而是在吊柜与天花板之间设置了照明灯带，通过调节灯光的强度，既可以将其作为间接照明使用，也可以照亮整个屋子。（栗津府）

卧室里建议安装间接照明，可以让人内心平静地度过一天中最后的时光。灯光亮度可以调节，能够应对读书、休闲等不同生活场景。（宫内府）

1. 吊灯既可以照亮房间内的一部分空间，又是一个漂亮的装饰品。建议将吊灯安装在餐桌上方等处。（平山府）

2. 走廊壁龛中安装了嵌顶灯，在聚焦视线的同时，还可以发挥间接照明的作用。（芦田府）

透过窗户欣赏庭院中的绿植 *Plants in the Window*

以窗口为画框，截取庭院的绿意入画，点缀家居环境，这是最棒的室内装饰。

做家务的时候，放松休闲的时候，如果能够在不经意间看到满目绿色，实乃最佳的疗愈之法。

家庭美容院窗边的客户等待区。客户可以在等待时欣赏庭院中的绿植。（吉永府）

家中处处都可以欣赏到中庭的绿意

如果居住者希望能够确保家中的隐私不被路人看到，或是希望能在家中的任何地方都欣赏到外面的绿色，那么我建议在家中修建一个中庭。中庭可以确保人在多个房间和走廊上都可以欣赏到院中的绿意。餐厅或客厅面向中庭修建，居住者就无须在意来自住宅外部的视线。中庭中种一棵大树，一楼、二楼都可以欣赏到院中的风景。

【中庭布局实例】（新井府，实景图见下方）

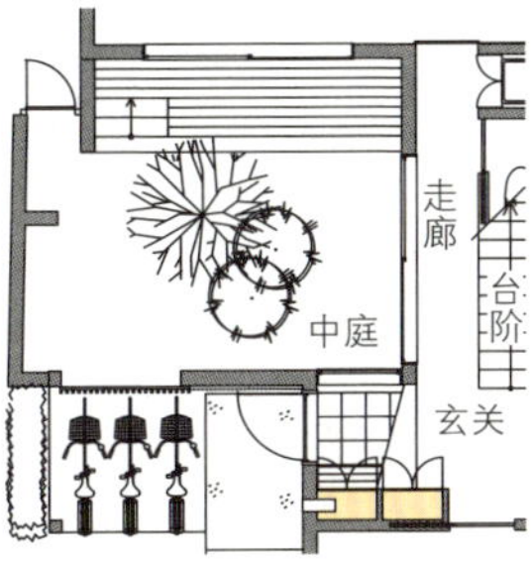

建筑物构成一个L字形，同时设计了一个中庭。人在家中任何地方都可以欣赏到中庭的绿意，且家中没有朝向马路的外窗，所以可以安心生活。

1

2

3

1. 餐厅的大落地窗朝向中庭。在二楼的房间也可以看到中庭的大树。
2. 从玄关可以直接进入中庭。
3. 在走廊上也可以欣赏到中庭的景色。（均为新井府）

玄关正对面设计了一扇观景窗。为了使窗内所见的风景更漂亮，设计师在木质阳台上种了一棵树。（原府）

像欣赏绘画一样欣赏窗外的风景

能够在家中透过窗子看到院中的绿意着实令人身心愉悦，生活也仿佛多了更多情调。在家居设计时，设计师常常建议用开窗取代装饰画，以窗框为画框，截取自然绿意入画。在修建庭院时，要考虑到窗户的位置；反之，在设置窗户时，也要考虑到窗外绿植的位置。观景窗截取的风景不一定是自家的绿植，将路边的绿植、公园的树木框入窗中，也是一个明智的选择。

1. 浴室设置了一扇打不开的观景窗，主人可以在泡澡时欣赏窗外的风景。上方还安装了换气窗。（小林府/茅崎市）
2. 玄关门厅处的观景窗，宛如一幅画作。（上山府）

合理的门窗设计
令住宅更美观

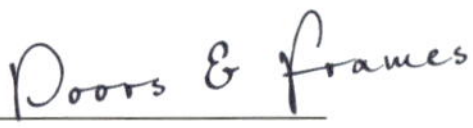

各个房间的房门、收纳柜的柜门在设计、制作时也需要花费心思。

门窗对于家居设计而言格外地重要。既可以选择令其与墙壁融为一体，不引人注目，也可以选择令其突出、亮眼，具备装饰性。

减少多余线条
使门窗与房间融为一体

具有装饰功能的门窗自然需要做得显眼一些，吸引人的目光，但普通的门窗如果存在感过于强烈，就会影响到整个住宅的美观。如果家中的门窗只是单纯用来分隔空间，理想状态是使其与整个空间融为一体，让人感觉不到它们的存在。想做到这一点，就需要减少视野范围内的线条。去除门把手，或是转而拉长门把手，都可以令房间显得更加清爽、整洁。收纳柜的柜门也是同样的处理方法。我们很容易忽视家中的这些细节，其实只要在这些细微之处巧妙布置，就可以令整个家更加美丽动人。

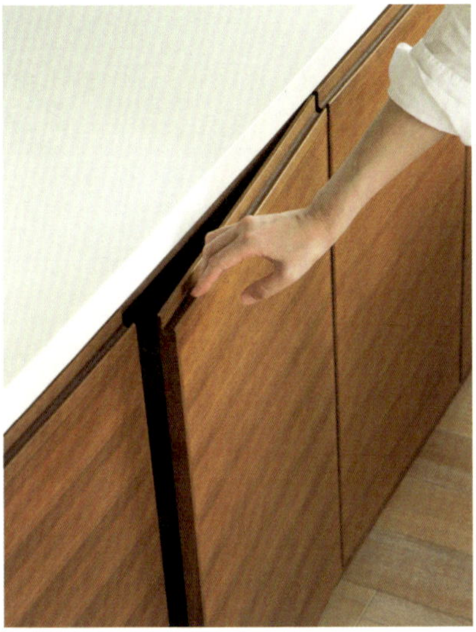

餐厅收纳柜的柜门没有安装门把手，柜门上方设计了一道凹槽，既方便开关，又显得清爽简约。（粟津府）

格栅式的隔断遮挡了人的视线，令人看不清后面的情况。推拉门能够完全隔断空间，格栅式隔断则是让空间隔而不断，二者相结合，可以灵活应对不同的生活场景。（吉井府）

楼梯下方的收纳柜。柜门的形状配合楼梯形状设计，整个柜体毫不显眼。（新井府）

住宅重新装修时，儿童房与卧室之间的门换成了推拉门。与普通的推拉门相比，阳光可以透过来进入房间，光线更加柔和，令整个家显得非常温暖。（山本府）

天花板也是生活之美的一部分

Ceiling

有时候，天花板对住宅整体形象的影响之大远超我们的想象。

很多家庭的天花板会选择与墙壁、地板相同的颜色和质感，看上去清爽又整洁。

其实也可以反其道行之，突显天花板的设计性，打造令人印象深刻的空间。

天花板也可以有存在感

在设计住宅时，几乎没有人会对天花板的样式有很强烈的要求或期许。然而天花板面积极大，是构建美丽住宅的重要一环。我们可以将天花板做成一个平面的样式，与墙壁、地板协调统一，也可以做成立体造型，突显设计性，营造魅力空间。一般而言，住宅的房梁会用天花板遮掩起来，但是有些设计师会故意使其露在外面，当作顶部造型的一部分。天花板还有助于统一房间风格，使邻近的房间呈现整体感。

1

2

1. 榻榻米房间的天花板是用切成薄薄的木片编织而成的，令人过目难忘，印象深刻。（茅根府）

2. 榻榻米房间的扁柏木质天花板一直延伸到客厅，将两个房间有机地连接起来，成为一个整体空间。（新地府）

以前住宅的房梁都会隐藏在天花板内，这所住宅反而将房梁暴露在外面，喷涂成深色，将其作为室内装饰的一部分。为了使天花板看上去更加漂亮，设计师还在房梁上安装了带有造型感的灯具。（芦田府）

感受色彩、图案的魅力

Colors and patterns

利用壁纸或瓷砖能够有效地改变墙壁外观，突出室内装潢的重点。
只要使用得当，就可以提升住宅的整体魅力。

多种多样的墙壁外观
让生活有更多乐趣

建议将带花纹的壁纸贴在化妆室、卧室、儿童房或兴趣区等房间，客厅、餐厅的大片墙壁则应尽量避免张贴花哨的壁纸。房间内不要四面墙全部贴满壁纸，只贴一面即可，这样既能与整体装潢维持协调统一，又方便随时根据心情更换壁纸。挑选壁纸颜色时要综合考虑到门窗、家具的色彩，营造统一感。

1. 化妆室的墙壁一部分贴瓷砖，一部分做出凹凸不平感，充满个性。（芦田府）
2. 儿童房只有一面墙壁贴有带趣味图案的壁纸。因为只有一面，所以孩子长大想更换壁纸时，换起来也非常方便。（新井府）

整个居室的主色调是白色，以红色为点缀色，整个空间既显品位，又有个性。（芦田府）

1. 女主人在专属的兴趣工作室内贴了喜欢的壁纸，使空间更有她自己的风格。

2 & 3. 门的正反两面贴了不同花纹的壁纸，富有童趣。（均为芦田府）

本书中的住宅一览（按日语五十音顺序）

01

青木府（翻新）

所在地　东京都杉并区
翻新面积　57.96m²
结构规模　木结构两层独栋住宅
家庭构成　夫妻二人

02

青木府

所在地　东京都世田谷区
用地面积　101.09m²
建筑面积　110.4m²
结构规模　木结构两层独栋住宅
家庭构成　夫妻二人＋孩子二人

03

青木府（翻新）

所在地　东京都练马区
翻新面积　128.69m²
结构规模　木结构两层独栋住宅
家庭构成　父亲＋夫妻二人

04

芦田府（翻新）

所在地　东京都练马区
翻新面积　227.27m²
结构规模　木结构两层独栋住宅
家庭构成　夫妻二人

05

新井府

所在地　埼玉县富士见市
用地面积　135.85m²
建筑面积　105.88m²
结构规模　木结构两层独栋住宅
家庭构成　夫妻二人＋孩子二人

06

粟津府（翻新）

所在地　东京都中央区
翻新面积　164.47m²
结构规模　钢筋混凝土结构公寓
家庭构成　夫妻二人＋孩子二人

07

饭泽府（翻新）

所在地　神奈川县横滨市
翻新面积　56.63m²
结构规模　钢筋混凝土结构公寓
家庭构成　夫妻二人

08

上山府

所在地　神奈川县横滨市
用地面积　175.45m²
建筑面积　117.89m²
结构规模　钢筋混凝土结构地下室＋木结构两层独栋住宅
家庭构成　夫妻二人

09

远藤府（翻新）

所在地　神奈川县川崎市
翻新面积　73.33m²
结构规模　钢筋混凝土结构公寓
家庭构成　夫妻二人

10

冈田府（翻新）

所在地　神奈川县横滨市
翻新面积　113.03m²
结构规模　木结构两层独栋住宅
家庭构成　夫妻二人

11
冈本府
所在地　千叶县市川市
用地面积　165.29m²
建筑面积　120.32m²
结构规模　木结构两层独栋住宅
家庭构成　夫妻二人＋孩子二人

12
小川府
所在地　神奈川县横滨市
用地面积　199.79m²
建筑面积　139.12m²
结构规模　木结构两层独栋住宅
家庭构成　母亲＋夫妻二人＋孩子二人

13
小竹府（翻新）
所在地　神奈川县小田原市
翻新面积　72.64m²
结构规模　钢筋混凝土结构公寓
家庭构成　夫妻二人

14
柏木府（翻新）
所在地　东京都大田区
翻新面积　101.26m²
结构规模　钢筋混凝土结构公寓
家庭构成　夫妻二人＋孩子二人

15
片山府
所在地　东京都练马区
用地面积　170.51m²
建筑面积　128.83m²
结构规模　木结构两层独栋住宅
家庭构成　夫妻二人＋孩子一人

16
小林府
所在地　东京都小金井市
用地面积　137.18m²
建筑面积　105.76m²
结构规模　木结构两层独栋住宅
家庭构成　夫妻二人

17
小林府
所在地　神奈川县茅崎市
用地面积　383.19m²
建筑面积　124.54m²
结构规模　木结构单层独栋住宅
家庭构成　夫妻二人

18
米崎府
所在地　千叶县市川市
用地面积　188.52m²
建筑面积　110.53m²
结构规模　木结构两层独栋住宅
家庭构成　夫妻二人

19
坂本府（翻新）
所在地　千叶县佐仓市
翻新面积　76.53m²
结构规模　木结构两层独栋住宅
家庭构成　夫妻二人＋孩子一人

20
佐藤府
所在地　东京都八王子市
用地面积　118.57m²
建筑面积　103.54m²
结构规模　木结构两层独栋住宅
家庭构成　母亲＋夫妻二人＋孩子三人

21

新地府

所在地　神奈川县逗子市
用地面积　$208.35m^2$
建筑面积　$121.31m^2$
结构规模　木结构两层独栋住宅
家庭构成　夫妻二人＋孩子二人

22

泷本府（翻新）

所在地　东京都世田谷区
翻新面积　$63.41m^2$
结构规模　钢筋混凝土结构公寓
家庭构成　独居

23

茅根府（翻新）

所在地　东京都杉并区
翻新面积　$202.86m^2$
结构规模　钢筋混凝土结构三层独栋住宅
家庭构成　夫妻二人＋孩子二人

24

津贺府（翻新）

所在地　东京都杉并区
翻新面积　$60.79m^2$
结构规模　钢筋混凝土结构地下室＋木结构两层独栋住宅
家庭构成　夫妻二人＋孩子一人

25

塚原府

所在地　东京都练马区
用地面积　$223.54m^2$
建筑面积　$82.18m^2$
结构规模　木结构单层独栋住宅
家庭构成　独居

26

中野府（翻新）

所在地　神奈川县横滨市
翻新面积　$102.65m^2$
结构规模　钢筋混凝土结构公寓
家庭构成　夫妻二人＋孩子一人

27

西野府（翻新）

所在地　千叶县八千代市
翻新面积　$68.85m^2$
结构规模　钢筋混凝土结构公寓
家庭构成　房主本人＋母亲

28

沼尻府（翻新）

所在地　千叶县佐仓市
翻新面积　$51.42m^2$
结构规模　木结构两层独栋住宅
家庭构成　夫妻二人

29

原府

所在地　神奈川县川崎市
用地面积　$526.46m^2$
建筑面积　$232.74m^2$
结构规模　木结构单层独栋住宅
家庭构成　夫妻二人＋孩子三人

30

日野府（翻新）

所在地　东京都目黑区
翻新面积　$84.43m^2$
结构规模　木结构两层独栋住宅
家庭构成　夫妻二人＋孩子一人

31

平山府（翻新）

所在地　东京都中央区
翻新面积　$88.88m^2$
结构规模　钢筋混凝土结构公寓
家庭构成　夫妻二人＋孩子二人

32

福山府（翻新）

所在地　东京都杉并区
翻新面积　$36.12m^2$
结构规模　钢筋混凝土结构公寓
家庭构成　夫妻二人＋孩子一人

33

藤田府（翻新）

所在地　东京都世田谷区
翻新面积　64.64m²
结构规模　钢筋混凝土结构公寓
家庭构成　夫妻二人

34

水越府

所在地　东京都练马区
用地面积　132.24m²
建筑面积　128.34m²
结构规模　木结构两层独栋住宅
家庭构成　夫妻二人＋孩子二人

35

南府

所在地　东京都国分寺市
用地面积　133.34m²
建筑面积　101.69m²
结构规模　木结构两层独栋住宅
家庭构成　夫妻二人＋孩子一人

36

宫内府（翻新）

所在地　东京都武藏野市
翻新面积　154.76m²
结构规模　钢筋混凝土结构地下室＋木结构两层独栋住宅
家庭构成　夫妻二人＋孩子一人

37

向山府

所在地　东京都练马区
用地面积　145.94m²
建筑面积　110.21m²
结构规模　木结构两层独栋住宅
家庭构成　夫妻二人＋孩子一人

38

山田府

所在地　东京都中野区
用地面积　162.78m²
建筑面积　138.93m²
结构规模　木结构两层独栋住宅
家庭构成　夫妻二人＋孩子二人

39

山本府（翻新）

所在地　东京都文京区
翻新面积　69.69m²
结构规模　钢筋混凝土结构公寓
家庭构成　夫妻二人＋孩子二人

40

吉井府（翻新）

所在地　埼玉县白冈市
翻新面积　116.47m²
结构规模　木结构两层独栋住宅
家庭构成　夫妻二人

41

吉永府（兼美容院）

所在地　东京都葛饰区
用地面积　117.41m²
建筑面积　116.19m²
结构规模　木结构两层独栋住宅
家庭构成　母亲＋夫妻二人＋孩子一人